舌尖上的

街边小吃

张晨 主编

中国纺织出版社有限公司

内 容 提 要

本书搜集了来自天南地北不同地区，口味鲜明真实的93道特色小吃，通过煎、炸、煮、炒、蒸、腌、烧、烤等制作手法，将每一道小吃最简单的家常做法及烹饪细节等，经过层层筛选为大家一一呈现于书中。既可以满足各位"小吃家"足不出户就能实现小吃自由的心愿，也能抚慰那些奔波他乡的游子们隐藏在内心深处的乡愁。如今的小吃已然走出了地域限制，用新颖独特的风味吸引着四面八方的人们。

图书在版编目（CIP）数据

舌尖上的街边小吃 / 张晨主编 .-- 北京：中国纺织出版社有限公司，2025.6.--ISBN 978-7-5229-2887-6

Ⅰ. TS972.142

中国国家版本馆 CIP 数据核字第 2025ZU6403 号

责任编辑：罗晓莉　国　帅　责任校对：高　涵
责任印制：王艳丽

中国纺织出版社有限公司出版发行
地址：北京市朝阳区百子湾东里 A407 号楼　邮政编码：100124
销售电话：010—67004422　传真：010—87155801
http://www.c-textilep.com
中国纺织出版社天猫旗舰店
官方微博 http://weibo.com/2119887771
山东博雅彩印有限公司印刷　各地新华书店经销
2025 年 6 月第 1 版第 1 次印刷
开本：710×1000　1/16　印张：9
字数：97 千字　定价：59.80 元

前言

　　提及小吃，每个人似乎都能找到独属于自己的记忆。不同口味的食物总能带给我们不同的安慰与惊艳。人生短短数十载，好的不就是一口酸甜苦辣咸嘛！

　　中国历史文化十分悠久，受传统文化和地域习俗的影响，小吃种类繁多，制作手法花样百出，口感体验也是惊喜不断。常言道：一方水土养一方人。北方人钟爱面食，口味以咸、辣为主，喜好牛、羊肉；沿海城市常吃大米，喜欢甜、咸口味，多食海鲜；川渝地区的人偏爱麻辣。这些差异使不同地区的小吃口味各不相同。但这些不同的小吃，却凭着各自独特的美味，征服了无数陌生人的味蕾。每当夜幕降临，街头巷尾的小道上，总会弥漫着一股股烟火气息，人们会穿梭在流动的人群中，细心搜寻能满足内心欲望的味道。

　　现今，我们每个人的欲望都可以被一本好书填满。本书融合了93道常见小吃的做法，涵盖了煎、炸、煮、炒，以及蒸、腌、烧、烤等制作手法。为了实现大家的"小吃自由"，每道小吃的做法都经过层层实验和筛选，选用了最简易通俗的方式。书中还贴心地分享了小吃的特点、价值及注意事项。

真心希望每一位"小吃家"都能从中做出自己记忆中的味道。因为，我们留不住时光，却可以留住味道。味道就是回忆，当我们开始品尝时，就已经坐上了时光机，随意穿梭在过去的美好影像中。这或许就是我们如此钟爱小吃的原因！

目录

第一章　那碗粉面饭，满是家乡味

第二章　煎烤炒炸，最是人间烟火

第三章　红红的炉火上，是妈妈揉过的面团

第四章　走过路过，不能错过的儿时风味

第五章　走街串巷，冷热酸甜香

那碗粉面饭，
满是家乡味

兰州牛肉拉面

主料 牛腱子肉 1000 克、高筋面粉 500 克

辅料 生姜 6 片、大料包 1 袋、蒜苗 1 把、葱结、香菜适量

调料 料酒少许、盐适量、鸡精 3 克、蓬灰 3 克

做法

①将牛肉放入冷水中浸泡 3 小时，泡出血水后洗净；锅中倒入适量清水，并放入洗净的牛肉、料酒和姜片，焯去杂质，然后捞出洗净备用。

②锅中放入牛肉、葱结、姜片和大料包，加入适量清水，用大火煮沸，再改小火炖约 3 小时，放入食盐和鸡精调味，并加热汤水备用；捞出汤水中的牛肉，晾凉后切成薄片备用。

③将面粉、蓬灰和 3 克食盐倒入盆中搅拌均匀，然后用清水将面粉和成面团，并饧面 1 小时；饧好的面团揉软后分成多份，分别将其擀成长条状折叠起来，继续揉搓一会儿，最后拉成细长面条备用。

④蒜苗和香菜分别切碎备用；锅中烧水，水开下入面条将其煮熟，然后捞出放入碗中；再浇入适量的汤水，摆入切好的牛肉片，撒上切好的蒜苗和香菜即可（食用时可以加入辣椒油和香醋增味）。

小 贴 士

兰州牛肉拉面被誉为"中华第一面"，其面条的制作方法多样。传统的兰州拉面在和面过程中，会添加一种独特的拉面剂——蓬灰（一种草木灰），使面条更加劲道好吃。山西人在和面过程中常常加入食用碱和食盐，同样可以增加面条的筋道和弹性。

刀削面

主料 中筋面粉 500 克、五花肉 250 克

辅料 葱、香菜、姜和蒜各少许，高汤 400 克

调料 花椒油 3 克、干黄酱 200 克、甜面酱 100 克、胡椒粉 2 克、料酒 40 克、陈醋 6 克、老抽 6 克、花椒 4 克、八角 4 克，盐、油各适量

做法

①清洗所有食材，将葱和香菜切碎，姜、蒜切末，五花肉剁成碎末备用。

②起锅烧油，放入花椒和八角爆香，倒入五花肉末用中小火翻炒；待五花肉末变色，放姜、蒜炒约 2 分钟后，加入料酒、老抽、花椒油、陈醋和胡椒粉继续翻炒 4 分钟；将干黄酱和甜面酱兑水后倒入锅中，加入高汤；待大火煮开后，改小火煮约 30 分钟，并加入食盐调味，酱卤就做好了。

③将中筋面粉倒入盆中，撒入适量食盐，用清水将其和成光滑的面团。

④提前准备一把削面刀，锅中烧水，水开后一手拿面团，一手用削面刀将面条削入锅中，煮至面条浮起后捞入碗中，倒入适量酱卤，撒入葱花和香菜点缀即可。

小贴士

刀削面的酱卤可以根据个人口味搭配不同的食材。制作刀削面需要一定的技巧。为了使面条具备爽滑、筋道的特点，在和面的过程中要多次揉面、饧面，将面团揉实、揉光，削面时，面条保持均匀，避免断掉。

陕西凉皮

主料 高筋面粉 500 克

辅料 红薯淀粉 20 克、绿豆芽适量、黄瓜 1 根、大蒜 6 瓣、面筋 1 块、香菜适量

调料 辣椒油适量、生抽 1 大勺、醋 2 大勺、香油和盐少许

做法

①将高筋面粉、红薯淀粉和食盐倒入盆中搅拌均匀，然后分多次倒入清水，用筷子顺时针不断搅拌，直至面浆变得顺滑。

②准备一口大锅倒入适量清水，在蒸笼上刷一层薄油，舀一勺面浆倒入蒸笼中，均匀摊开，将蒸笼放入锅中水面上，盖上锅盖，用大火烧开，再改中火蒸约 5 分钟即可；按此方法重复操作。

③将蒸好的凉皮晾凉备用；清洗所有食材，分别将绿豆芽焯水，黄瓜切成细丝，面筋切成丁块，香菜切碎备用；大蒜剁碎后倒入香醋和少许凉白开，调成蒜汁。

④将凉皮切成条状，放入碗中，加入黄瓜丝、面筋块、绿豆芽和香菜碎；然后倒入辣椒油、生抽、香油、盐、蒜汁搅拌均匀即可。

制作面浆时，用勺子舀起来慢慢往下倒，面浆可以连成一条不会断开的线，这样的面浆蒸出的凉皮才更加爽口劲道。蒸凉皮时切记不能使用小火，否则凉皮容易碎裂，中、大火是蒸凉皮的首选。

延吉冷面

主料 延吉冷面 1 把

辅料 黄瓜 1 根、熟牛肉 5 片、熟鸡蛋 1 枚、番茄 1 个、大蒜 3 瓣

调料 白糖 4 大勺、盐 2 小勺、醋 4 大勺、生抽 2 大勺、雪碧半瓶、矿泉水半瓶

做法

①将冷面提前放入冷水中浸泡 1 小时，捞出放锅中煮熟；将煮熟后的冷面过一遍凉水备用。

②清洗所有食材，将黄瓜切丝、大蒜切碎、熟鸡蛋切成两半、番茄切成片状备用。

③将白糖、盐、生抽、醋、雪碧和矿泉水一起倒入碗中搅拌均匀，并放入冰箱冷藏 30 分钟。

④取出汤汁，放入煮熟的冷面，将所有食材摆放在冷面上，搅拌后即可食用。

小 贴 士

汤汁是冷面好吃的关键，传统冷面在制作时大多采用牛肉高汤，配菜讲究一红、一白、一黄、一绿。经过改良的冷面，汤汁是用不同调味品搭配而成，被称为素冷面。因为冷面细长且筋道，许多延吉当地的饭店中，都会配有小剪刀，方便顾客边吃边剪面条。

大拉皮

主料 拉皮 1 包

辅料 黄瓜 1 根、香菜少许、干辣椒适量、大蒜 2 瓣

调料 油少许、生抽 2 勺、老抽 1 勺、醋 1 勺、蚝油 1 勺、白糖 1 勺、辣椒粉少许

做法

①清洗所有食材，将大蒜切末，干辣椒切小段，香菜切碎，黄瓜切丝备用。

②将生抽、老抽、醋、蚝油、白糖和辣椒粉倒入小碗中；锅中烧油，油热后淋在碗中料汁上，搅拌均匀备用。

③另起锅烧水，水开后放入大拉皮，煮至拉皮透明即可（约 2 分钟）；然后捞出拉皮过一遍凉水，沥干水分。

④将大拉皮倒入碗中，放上黄瓜丝、香菜碎，倒入调好的料汁，搅拌均匀即可食用。

小贴士

大拉皮的原料主要以各种淀粉为主，如木薯淀粉、红薯淀粉、绿豆淀粉等。与普通粉皮不同，大拉皮较厚，制作时会加入少许食盐，以增加其劲道和风味。晶莹透亮、绵软爽滑、口感细腻是大拉皮的主要特点。

臊子面

主料 手工面条 1 把、五花肉 500 克

辅料 小葱 2 根、香菜 1 根、生姜 3 片、大蒜 2 瓣

调料 油、盐、生抽、老抽、醋、鸡精各适量，豆瓣酱 1 大勺、辣椒酱 1 大勺

做法

①清洗所有食材，将五花肉剁成碎末，小葱和香菜切碎，生姜、蒜剁碎备用。

②锅中烧油，放生姜、蒜末爆香，接着倒入肉末翻炒至变色；然后加入豆瓣酱、辣椒酱、生抽、醋和老抽，继续翻炒约 2 分钟，倒入适量清水，大火煮沸后改小火煮约 10 分钟，关火前用食盐和鸡精调味即可。

③另起锅烧水，水开后下面条煮熟，捞出面条过凉水后放入碗中，浇上肉臊子，撒上葱花、香菜点缀即可。

小贴士

相传臊子面是周文王为了纪念嫂子而得名，因此也被称为"嫂子面"。作为陕西小吃代表之一，臊子面深受北方各地人们的喜爱。此面的灵魂是臊子，除了经典的肉臊子外，豆腐臊子、鸡蛋臊子等也很美味。

油泼面

主料 面粉 500 克

辅料 青菜适量、大蒜 3 瓣

调料 油少许、生抽 4 勺、醋 2 勺、糖 1 克、麻油 1 勺、香油 1 勺、辣椒粉适量

做法

①清洗所有食材，将大蒜剁碎、青菜煮熟备用。

②将生抽、醋、糖、麻油、香油倒入碗中搅拌均匀，调成料汁备用。

③将面粉倒入盆中，在面粉中间挖一个小坑，撒入适量食盐，从盆的边缘处不断加入清水，将面粉和成光滑的面团。

④提前准备一把削面刀，锅中烧水，水开后一手拿面团，一手用削面刀均匀地将面条削入锅中，面条煮至浮起后捞出，放入料汁碗中搅拌均匀。

⑤将蒜末、辣椒粉和青菜摆放在面条上，另起锅烧油，油热后泼在辣椒粉上即可。

小贴士

油泼面的面条大多使用的是刀削面或普通宽面。太细的面条在油泼进去后容易软烂，影响口感。煮面条时不能煮太久，否则面条容易糊汤，失去面条的劲道和弹性。

羊肉泡馍

主料 羊肉 2 斤、粉丝 1 把、泡馍 1 块

辅料 木耳 5 朵、小葱少许、生姜 3 片、香菜 1 根、八角 1 个、桂皮半块、白胡椒粒 7 粒、花椒粒 7 粒、干辣椒 2 个、香叶 2 片

调料 盐 5 克、生抽 2 勺

做法

①清洗所有食材，将木耳泡发后撕成小朵，小葱一半切成葱花，香菜切碎，粉丝提前放清水中浸泡 30 分钟。

②将羊肉分成大块洗净，冷水下锅焯一下，然后捞出冲去浮沫，放入高压锅中，加入适量清水，放入生姜、白胡椒粒、花椒粒、桂皮、八角、干辣椒、香叶和适量盐，压至羊肉熟透。

③将压熟的羊肉捞出，切成片状备用；将泡馍撕成丁块；另起锅倒入一碗羊汤，加入木耳和粉丝煮至水开；倒入馍丁继续煮约 3 分钟盛出；最后加入羊肉片，香菜末和葱花即可。

小贴士

羊肉泡馍中的馍制作手法比较特殊，通常采用死面和发面混合而制。最常见的做法就是将 1 份发酵面团与 9 份烫面混合，制成混合面团进行烙制。按此法做出来的馍不仅有嚼劲，还带有一定的松软度，能够完美地吸收羊肉汤汁，且不易软烂。

武汉热干面

主料▶ 碱面 150 克

辅料▶ 酸豆角 2 勺、小葱 1 根、干辣椒 2 个

调料▶ 芝麻酱 2 勺、生抽 2 勺、麻油 1 勺、醋 2 勺、辣椒油 2 勺、白糖 1 勺、胡椒粉 1 勺、香油 1 勺、盐少许

做法

①清洗小葱和干辣椒，将小葱切成葱花，干辣椒切段备用。

②将芝麻酱、生抽、麻油、醋、辣椒油、白糖、香油、盐和胡椒粉一起倒入碗中，搅拌均匀，调成料汁。

③锅中烧水，水开后下碱面煮熟，将面条捞出直接放入料汁碗中，加入酸豆角、干辣椒和少许葱花搅拌均匀即可。

小 贴 士

　　武汉热干面有"天下第一碗"的美誉。其使用的碱面容易储存，不易变质，特别适合天气炎热的季节或地区。煮碱面时，面条用筷子夹断即熟，不宜煮太久，否则会影响口感。碱面中富含铜元素，对于血液、中枢神经、免疫系统、骨骼和内脏等有很大的益处。

过桥米线

主料 干米线 1 把、卤肉少许

辅料 鹌鹑蛋 2 个、海带适量、豆腐皮半张、豆芽少许

调料 鸡汤适量、盐少许、鸡精 1 勺

做法

①清洗所有食材，提前泡发海带并切成细丝，将豆腐皮切成细丝、鹌鹑蛋煮熟、米线提前用热水泡软、卤肉切片备用。

②取一砂锅，放入豆芽和豆腐皮，然后倒入鸡汤搅拌均匀。煮开后依次下入卤肉、米线、海带和鹌鹑蛋，煮熟后关火，加入食盐和鸡精调味即可。

小贴士

过桥米线也被称为"状元米线"，是云南著名的特色小吃。过桥米线的汤底可以选用排骨、猪腿骨、鸡肉或鸭肉等食材熬制，需用小火慢炖 5 小时以上。米线一般选用优质大米制成的熟制品，很容易煮熟。

螺蛳粉

主料 石螺 3000 克、猪腿骨 1500 克、鸡骨架 1500 克、干粗米粉 1 把

辅料 生姜 8 片、干辣椒 1 把，青菜、酸豆角、萝卜干、炸花生、炒木耳、炸腐竹各适量

调料 油、盐、鸡精和冰糖各适量，香料包 1 袋、鸡油 700 克、桂林豆腐乳 60 克、紫苏 200 克、干酸笋 1000 克

做法

①将石螺提前浸泡清洗直至除净泥沙，用剪刀剪去石螺的尾尖，放入热水中焯一下，并洗净备用。

②将石螺倒入干净的锅中炒干水分后盛出备用；再将猪腿骨和鸡骨架放入冷水锅中焯去杂质后捞出，加入适量清水和鸡油，大火煮沸后倒入炒好的石螺，改小火慢炖约 3 小时。

③另起锅烧油，下生姜爆香，加入香料包翻炒出香味，倒入熬好的骨汤，加入桂林豆腐乳、干辣椒、紫苏、干酸笋、盐、冰糖和鸡精，用小火煮约 40 分钟。

④锅中烧水，水开下米粉和青菜，煮熟后捞出放入碗中，同时浇上熬好的汤水，加入炒过的木耳、酸豆角、萝卜干、炸腐竹和炸花生即可。

小贴士

螺蛳粉的制作过程十分烦琐且复杂，不仅汤底的材料搭配极为讲究，每一种配菜也需要经过独特的加工。如木耳在炒制时要搭配姜、蒜，同时加入适量的骨汤，才能完全入味，酸豆角炒制时要不断翻炒，以确保均匀受热；花生和腐竹都要经过油炸才能达到酥脆可口的最佳风味。

鸭血粉丝汤

主料 鸭血 15 克、粉丝 1 把、鸭杂适量

辅料 油豆腐 3 块、辣椒酱少许、香菜 1 根、生姜 3 片

调料 油少许、料酒 1 勺、盐 5 克、白胡椒粉 2 克、鸡精 2 克、鸭汤适量

做法

①清洗所有食材，将生姜切末，香菜切碎，鸭血切块并焯水，油豆腐切丁，粉丝提前泡软备用。

②锅中烧油，下姜末爆香，再倒入适量鸭汤，加入料酒、白胡椒粉、盐和鸡精，煮开后放入鸭血和鸭杂煮约 2 分钟；然后放入粉丝和油豆腐丁，煮熟后将其倒入碗中；最后放入香菜和辣椒酱即可。

小 贴 士

鸭血选用宰鸭时收集的鲜血的味道最佳，其营养价值很高，具有补血调养的功效。鸭汤可以选用鸭架搭配香料小火慢熬而成。煮粉丝时要控制火候，并不断搅拌，以防粘锅或煮烂。

重庆小面

主料 细面条 200 克、五花肉 1 块

辅料 青菜 1 颗、大蒜 2 瓣、生姜 3 片、熟豌豆 1 把、小葱 1 根、芝麻少许、碎米芽菜 40 克

调料 盐 1 勺、辣椒油 1 大勺、猪油少许、花椒粉 2 克、醋 1 勺、鸡精 2 克、黄豆酱 1 勺，老抽、蚝油、骨汤适量

做法

①清洗所有食材。将生姜、大蒜剁碎后加入少许开水拌成姜蒜汁，将碎米芽菜切末，小葱切成葱花，五花肉切成碎末备用。

②锅中加入猪油烧热，倒入肉末和碎米芽菜翻炒 2 分钟，然后加入老抽、花椒粉、鸡精、姜蒜汁、蚝油、辣椒油和黄豆酱翻炒均匀；接着倒入适量骨汤，用食盐和醋调味后备用。

③锅中烧水，放入面条和青菜煮熟，捞出后放入碗中，浇上刚做好的汤汁，最后撒上熟豌豆、葱花和少许芝麻即可。

重庆小面是重庆四大特色小吃之一，以香辣口味著称。面条筋道顺滑，汤料鲜香爽辣，如同这座热情奔放的城市一般，一碗下肚，令人回味无穷。

四川担担面

主料 细面条 1 把、五花肉少许

辅料 小葱 1 根、花生碎 1 勺、碎米芽菜少许、八角 2 个

调料 生抽、油、老抽各少许，香油 1 小勺，盐、鸡精、花椒粉各 2 克，红油 1 勺、猪油半勺

做法

①清洗所有食材。将小葱切碎，五花肉剁成碎末备用。

②锅中烧油，放入八角爆香，然后倒入五花肉末翻炒至焦黄色，接着加入碎米芽菜继续翻炒至熟。

③将所有调料放入碗中，加入 2 大勺开水搅拌均匀调成料汁。

④另起锅烧水，水开后下面条煮熟，捞出放入装有料汁的碗中，最后浇上炒好的肉末，撒上花生碎和葱花即可。

小 贴 士

　　四川担担面是中国十大名面之一，是一种以手工面条搭配本地芽菜和臊子的传统面食。最初，这种面食常由小贩走街串巷挑担叫卖，因此取名担担面。

鸡丝凉面

主料 鸡胸肉 1 块、面条 400 克

辅料 黄瓜 1 根、大蒜 3 瓣、小米椒 3 个、小葱 1 根

调料 红油辣椒 3 勺、香油 1 勺、生抽 2 勺、醋 1 勺、白糖少许、鸡精 2 克、花椒油半勺

做法

①清洗所有食材。将鸡胸肉煮熟后撕成细丝；将黄瓜切丝、大蒜剁成蒜泥并加入少许开水拌成蒜汁、小米椒切圈、小葱切成葱花。

②锅中烧水，下面条煮熟；捞出过两遍凉水，沥干水分放入碗中，依次加入红油辣椒、香油、生抽、醋、白糖、鸡精、蒜汁和花椒油，最后撒上鸡丝、黄瓜丝、葱花和小米椒搅拌均匀即可。

小 贴 士

在煮制鸡胸肉时，可以搭配葱、姜、料酒、花椒等调料，注意不要长时间焖煮鸡胸肉，以免肉质变老。面条多用细面条，以手擀面和碱面为主。

贵州肠旺面

主料 鸡蛋面条适量、猪大肠 50 克、五花肉 250 克

辅料 生姜 1 块、小葱 1 把、香菜少许、大蒜 3 瓣

调料 盐、料酒、醋、甜酒酿、豆腐乳、鸡精、糍粑辣椒、高汤各适量

做法

①清洗所有食材。将生姜一半切片一半剁成末，大蒜剁成泥，小葱切成葱花，香菜切碎，五花肉切丁备用；再将猪大肠放入盆中，加入盐、生姜片和料酒，反复揉搓并冲洗干净。

②锅中烧水，下猪大肠煮至半熟时捞出切成小块；另起锅下五花肉丁，加入盐，将炒出的油倒掉，然后放入甜酒酿和醋，继续炒炸成脆臊。

③锅中烧油，放入糍粑辣椒爆香，再放入蒜泥、姜末、豆腐乳，翻炒后加入适量清水煮开，滤出红油备用。

④另起锅烧水，放入面条煮约 2 分钟后，捞出面条放入碗中，加入脆臊、大肠，浇上高汤、红油，放入鸡精、葱花和香菜即可。

小贴士

肠旺面寓意"常旺"，在制作其面条时，需选用上等面粉 500 克、4 枚鸡蛋、少许食用碱和适量清水，反复揉搓成光滑的面团。将面团放在案板上，反复折叠挤压，制成薄如绸缎的面皮，最后撒上豆粉，切成细条。

桂林米粉

主料 干米粉 1 把、卤鸡蛋 1 枚、脆皮卤牛肉 1 小块、花生 1 把、酸笋 1 勺、酸豆角 1 勺

辅料 小葱少许、生姜 5 片

调料 盐、白胡椒粉各少许，酱油 2 勺、卤水适量

做法

①清洗所有食材。将米粉提前用温水浸泡 30 分钟，将小葱切成葱花，花生炒熟，脆皮卤牛肉切成薄片备用。

②锅中加入卤水和姜片，大火煮沸后转小火，倒入米粉煮约 5 分钟后，加入盐、白胡椒粉和酱油调味，继续煮约 2 分钟。

③将煮好的米粉盛入碗中，分别加入脆皮卤牛肉、酸豆角、酸笋、花生和卤鸡蛋，并撒上小葱点缀即可。

小贴士

桂林米粉好吃的关键在于卤水，卤水通常是由猪骨和牛骨搭配香料，小火慢熬 5 小时而成。香料需先在油锅中炒香后才能用来熬制卤水。熬成的卤水不能用来卤肉，否则会影响口感。

酸辣粉

主料 红薯粉条 1 把

辅料 黄豌豆适量、小葱 1 根、香菜少许、大蒜 3 瓣

调料 辣椒粉 2 勺、白芝麻 1 勺、孜然粉 1 勺、十三香 1 勺、生抽 2 勺、蚝油 1 勺、老抽少许、白糖半勺、鸡精半勺、盐半勺、醋 1 勺

做法

①清洗所有食材。将小葱切成葱花，香菜切碎，大蒜剁成蒜泥，黄豌豆炸熟备用。

②准备一个干净的碗，将辣椒粉、白芝麻、孜然粉和十三香一起放入碗中。锅中烧油，油热后泼在调料上；同时加入生抽、老抽、蚝油、白糖、鸡精、盐和醋搅拌均匀。

③另起锅烧水，将红薯粉条煮熟后捞出倒入调好的料汁碗中，并加入少许清汤搅拌均匀，最后撒上黄豌豆、香菜和葱花即可。

小 贴 士

酸辣粉的汤底使用骨汤，口味会更加浓厚鲜香。骨汤一般是以猪腿骨和鸡架骨，搭配香料熬制而成。在配菜搭配上，也可以用炒熟的花生代替黄豌豆。

老北京炸酱面

主料 五花肉 500 克、干黄酱 300 克、甜面酱 150 克、手擀面适量

辅料 黄瓜、胡萝卜各半根，小葱少许、生姜 5 片、大蒜 3 瓣、八角 1 个

调料 油适量、料酒 6 克、老抽 60 克、五香粉 3 克

做法

①清洗所有食材。将五花肉切成肉丁，黄瓜和胡萝卜分别切成细丝，小葱切成葱花，生姜和大蒜切成碎末备用。

②将干黄酱和甜面酱按照 2：1 的比例混合均匀，并按 1：1 加入清水搅拌至无结块；将五花肉丁放入碗中，加入 1.5 克的五香粉和料酒，用手抓匀并腌制 10 分钟。

③锅中烧油，放入五花肉丁小火煸炒至熟；倒入稀释过的酱汁和八角不断翻炒约 3 分钟后，倒入适量清水继续小火煮约 40 分钟；然后倒入姜蒜末搅拌均匀，继续煮约 5 分钟。

④另起锅烧水，下面条煮熟后，捞出过凉水并倒入碗中，然后浇上酱汁，加入黄瓜丝和胡萝卜丝，最后撒上葱花点缀即可。

小 贴 士

　　老北京炸酱面的讲究颇多。面条最好采用手擀面，口感更劲道。炸酱是关键，有荤有素，通常由干黄酱和甜面酱熬制而成。配菜可以根据个人口味搭配，常见的有黄瓜丝、胡萝卜丝、豆芽等。

鸡蛋炒面

主料 熟面条 1 把、鸡蛋 2 枚

辅料 胡萝卜半根，豆芽、韭菜各少许

调料 油适量、生抽 20 克、老抽 1 勺、蚝油 5 克、胡椒粉半勺、鸡精 1 勺、盐少许

做法

①清洗所有食材。将胡萝卜切成丝，韭菜切长段。向熟面条中加入少许油和老抽搅拌均匀。

②锅中烧油，打入鸡蛋搅散炒熟，然后倒入胡萝卜丝、豆芽和韭菜炒至断生；接着倒入面条，并加入生抽、蚝油、胡椒粉、盐和鸡精，用大火不断翻炒均匀即可。

小 贴 士

制作鸡蛋炒面时，鸡蛋不宜翻炒太久、太熟，否则会使鸡蛋失去滑嫩鲜香的口感。面条也不宜煮太久，否则容易软烂。炒面时要保持中火，避免出现烧焦食材和面条粘锅的情况。

广式煲仔饭

主料 大米适量、腊肠 2 根

辅料 青菜、小葱各少许

调料 生抽、蚝油、白糖和鸡精各少许

做法

①将大米洗净浸泡 2 小时；将腊肠切片；将小葱洗净，葱叶切葱花，葱白切成丝；将青菜煮熟。

②砂锅中刷满油，将泡好的大米放入锅中，加入适量清水，大火煮开后改小火煮 5 分钟；然后放入腊肠，盖上盖子并在盖子边缘淋一圈油，使其慢慢渗入饭中。

③ 10 分钟后，打开盖子，倒入用生抽、蚝油、白糖和鸡精调好的料汁，并放入两根青菜，撒上葱花和葱丝点缀即可。

小贴士

浸泡大米时，可以加入少许食用油。蒸煮大米时，大米和水的比例是 1:1.5。为稳妥些，可以使用手指测量水的高度，将食指放入米水中，水只需超出食指的第一个关节即可。

红油抄手

主料 馄饨皮 20 个、猪肉 200 克

辅料 鸡蛋 1 枚、小葱 1 根、生姜 3 片、大蒜 3 瓣

调料 香油 2 勺、生抽 2 勺、红油 2 勺、醋 1 勺、白糖少许、花椒油 1 勺、盐适量

做法

①清洗所有食材，将小葱切成葱花；将猪肉去皮切块，然后将肉块、姜蒜一起用绞肉机打碎，倒入碗中，并加入生抽、鸡蛋和香油搅拌均匀。

②用馄饨皮裹入少量肉馅包成抄手；锅中烧水，煮开后下入抄手。

③将生抽、花椒油、香油、醋、白糖和红油一起倒入碗中搅拌均匀；然后倒入煮好的抄手，撒上葱花即可。

小 贴 士

抄手和云吞相似，皮薄滑嫩，类似于馄饨，但是个头较小。红油抄手是四川和重庆的特色小吃，肉香鲜美，汤汁麻辣。

土豆粉

主料 土豆粉 1 袋

辅料 香菇 2 个、青菜 1 颗、番茄 2 个、肉丸少许

调料 油适量、生抽 1 勺、番茄酱 2 勺、鸡精半勺、白糖少许、盐适量

做法

①清洗所有食材。将番茄切成丁块，香菇切片备用。

②锅中烧油，油热后下番茄丁炒化，接着加入生抽、番茄酱、盐、白糖和鸡精翻炒均匀，然后倒入适量清水，并加入肉丸、土豆粉、青菜和香菇煮熟即可。

小贴士

土豆粉是由土豆淀粉制作而成。在中医理论中，这种淀粉性平味甘，具有健脾和胃、益气调中和止痛通便的功效。烹饪时，纯手工土豆粉质地相对厚硬，一般需要煮约 40 分钟才能完全煮熟，而速冻土豆粉只需煮约 10 分钟即可煮熟。

第二章

煎烤炒炸，
最是人间烟火

烤冷面

主料 冷面饼 1 张、鸡蛋 1 枚、火腿肠 1 根

辅料 洋葱碎、香菜碎各适量

调料 油 1 勺、蒜蓉辣酱 2 勺、生抽 1 勺、醋半勺、白糖少许

做法

①将火腿肠放在平底锅中煎熟，把醋和白糖混在一起装入瓶中备用。

②将平底锅烧热刷油，放入冷面饼，在冷面饼上打上一枚鸡蛋，将鸡蛋液均匀地摊在冷面饼上；然后用小火将冷面饼煎至鸡蛋液凝固后翻面；接着挤入醋和白糖的混合液体。

③将蒜蓉辣酱、生抽倒入碗中调成酱汁，然后均匀地涂刷在冷面饼上；再撒上洋葱碎。

④将煎好的火腿肠放入冷面饼上，卷起冷面饼，用铲子压紧，切成段装入碗中，并撒上香菜碎即可。

小贴士

烤冷面的灵魂在于酱料，常见的酱料是由辣椒酱和黄豆酱搭配而成，也可以加入适量蒜蓉和白糖增香提鲜。这种美食可以将咸、辣、酸、甜等多种味道完美地融合在一起，风味独特。

烤鸡架

主料 鸡架 2 只

辅料 大蒜 4 瓣，小葱、生菜各少许

调料 辣椒粉 1 勺、花椒粉半勺、小茴香半勺、孜然粉 1 勺、盐 1 勺、生抽 2 勺、白糖少许、蚝油 1 勺、料酒 1 勺、油 1 勺、蜂蜜半勺

做法

①清洗所有食材。将大蒜剁碎，小葱切成葱花备用。

②将鸡架放入碗中，倒入蒜末、辣椒粉、花椒粉、小茴香、白糖、生抽、蚝油、料酒、蜂蜜、油和盐，用手抓匀，腌制 2 小时以上，以便充分入味。

③将腌制好的鸡架放入烤箱中，调至 250 摄氏度后烤 15 分钟，然后翻面继续烤 15 分钟；接着取出鸡架，将其放到铺有生菜叶的托盘上，均匀地撒上孜然粉，并用小葱点缀即可。

小贴士

如果没有烤箱，也可以使用空气炸锅，调至 160 摄氏度先烤 15 分钟，翻面后继续烤 15 分钟。鸡架一般选用的是肉嫩汁多的三黄鸡，烧烤后的鸡架外焦里嫩、鲜香扑鼻，搭配浓郁的调料，简直诱人脾胃。

新疆羊肉串

主料 羊肉 1000 克

辅料 洋葱 1 个、鸡蛋 1 枚

调料 孜然粉 3 勺、胡椒粉 1 勺、辣椒粉适量、盐 1 勺、油 2 勺、鸡精 1 勺

做法

①清洗所有食材。将羊肉切成小丁块放入盆中，加入盐、胡椒粉和孜然粉；将洋葱切块并倒入盆中，用手抓匀后打入一枚鸡蛋，同时加入油和鸡精继续抓匀；然后用保鲜膜密封腌制 3 小时。

②将腌制好的羊肉用铁扦子穿好，然后均匀地铺在烧烤炉上，每烤 5 分钟翻面，直至烤熟；最后撒上辣椒粉和孜然粉即可。

小 贴 士

切羊肉时可以将瘦肉和肥肉分开，穿串时可以肥瘦搭配，也可以搭配洋葱、青椒或大蒜，烧烤之后别是一番风味。用天然的木炭或煤炭烤肉效果最好，没有的情况下，也可以使用烤箱。

油炸淀粉肠

主料▶ 淀粉肠 5 根

调料▶ 辣椒粉 1 勺、孜然粉 1 勺、油适量

做法▶

①将淀粉肠改花刀后穿在竹扦上，然后放入冷油锅中小火慢炸，炸时用筷子轻轻拨动，使其均匀受热，直至将其炸开后，改小火继续炸约 5 分钟捞出。

②炸好的淀粉肠上依次撒上辣椒粉、孜然粉即可。

小贴士

淀粉肠主要是用碎肉和淀粉制作而成，虽然营养价值可能不如纯肉制品高，但它特有酥脆香软的口感深受很多人喜爱，是许多人童年记忆中的美味。

铁板鱿鱼

主料 鱿鱼 2 条

辅料 生姜 3 片、芝麻 1 勺

调料 孜然粉、甜面酱、烧烤酱、豆瓣酱、蒜蓉辣酱、糖、鸡精、蚝油、五香粉、料酒各 1 勺，油、盐各少许

①将鱿鱼洗净放入碗中，用盐、料酒和生姜腌制 20 分钟。

②将所有调料放入碗中，加入适量清水搅拌均匀，调成酱料。

③腌好的鱿鱼洗净，用刀将两边划开，然后穿上竹扦。

④铁板锅上刷一层油，将鱿鱼放在锅上煎，期间要多次刷酱，直至鱿鱼煎熟；最后撒上孜然粉和白芝麻即可。

小贴士

铁板鱿鱼口感紧实弹嫩，味道麻辣鲜香，吃一口回味无穷，营养价值高。煎制鱿鱼时，需要不断压平鱿鱼，这样不仅能使调料充分融入鱿鱼之中，还能使鱿鱼造型平整。

长沙臭豆腐

主料 臭豆腐生胚适量

辅料 小葱1根、香菜2根、大蒜5瓣

调料 盐、醋、孜然粉各1勺、十三香少许、豆瓣酱1勺、豆腐乳2块、辣椒粉2勺、生抽适量

做法

①将臭豆腐生胚放入清水中浸泡10分钟，捞出后晾干水分备用。

②清洗其余食材，将大蒜剁成末、香菜和小葱切碎备用。

③将蒜末、葱花、香菜、辣椒粉、十三香和孜然粉放入碗中，然后泼上热油；接着放入豆腐乳、豆瓣酱、生抽、醋和盐，加入100毫升的温水将其搅拌均匀，调成酱汁。

④锅中烧油，将臭豆腐生胚放入锅中煎炸，约4分钟后捞出炸好的臭豆腐，浇上酱汁即可。

小贴士

　　臭豆腐是湖南长沙的名小吃，它闻起来很臭，吃起来却很香，营养价值高。大豆经过卤水发酵所分解出来的谷氨酸是鸡精和味精的主要成分之一，这就是臭豆腐明明很臭，吃着却十分鲜香的主要原因。

烤面筋

主料 面筋 6 个

调料 烧烤酱 2 勺、芝麻酱 1 勺、生抽 1 勺、蚝油 1 勺、盐少许、孜然粉 1 勺、辣椒粉 1 勺

做法

①将面筋洗净穿上竹扦；将烧烤酱、芝麻酱、生抽、蚝油和盐放入碗中，加入适量温水搅拌成黏稠状。

②将穿好的面筋裹上厚厚的酱料，然后放在烧烤架上烤，期间要不断翻面，多次刷酱，直至烤熟；最后均匀地撒上孜然粉和辣椒粉即可。

小贴士

街头巷尾拐角处，我们的脚步总会在烤面筋摊位前停留。筋道软弹、麻辣鲜香，人人都爱它的味道。面筋主要是用面粉加入食盐和清水，不断搅拌搓洗制成的。它所富含的营养物质比较单一，几乎都是植物性蛋白质。

铁板豆腐

主料 嫩豆腐1块

辅料 小葱1根、白芝麻少许

调料 生抽1勺、蚝油1勺、黄豆酱2勺、辣椒粉5克、孜然粉10克、油适量、盐少许、白糖5克

做法

①将豆腐切成厚块状；将小葱洗净切成葱花备用。

②将所有调料放入碗中，锅中烧油，油热后泼在调料上并搅拌均匀调成料汁。

③平底锅中烧油，放入切好的豆腐块煎至两面焦黄，然后将豆腐两面都刷上料汁，改小火继续煎约2分钟，关火前撒上葱花和白芝麻即可。

小贴士

铁板豆腐的表皮口感焦酥香辣，内里光滑柔嫩。在制作铁板豆腐时，也有选用老豆腐的，其口感会更加醇厚、酥脆。

鸡翅包饭

主料 鸡全翅、糯米各适量

辅料 胡萝卜半根、香菇 5 个、黑木耳 5 朵、生姜 3 片

调料 蚝油 1 勺、料酒 1 勺、老抽 1 勺、盐半勺、胡椒粉少许、油适量

做法

①将糯米洗净用清水浸泡一夜后蒸熟；将鸡翅去掉骨头并放入碗中，加入姜片、料酒、蚝油、老抽、盐和胡椒粉，用手抓匀腌制 3 小时。

②将胡萝卜和香菇洗净，分别切成小丁，黑木耳泡发后切碎；锅中烧油，倒入胡萝卜、黑木耳和香菇翻炒一会儿，然后加入食盐翻炒均匀，接着倒入蒸熟的糯米饭，快速炒匀后倒入碗中备用。

③将炒好的糯米饭填入腌好的鸡翅中，鸡翅两端分别用牙签收紧固定；将穿好的鸡翅放在烤架上，涂上剩余的腌料汁烤熟即可。

小 贴 士

制作鸡翅包饭需要把鸡翅中的骨头全部取出。去翅根骨时，需要用剪刀先把连接肉和骨头的筋剪掉，然后紧贴着骨头边，将肉和皮往下拉，拉到关节处，把骨头旋转 360 度，弄断后拿出；去翅中骨时，可以把两条骨头连接的部分剪断，先去小骨，再去大骨。

旋转薯塔

主料 土豆适量

辅料 红薯淀粉少许

调料 油、盐、孜然粉、椒盐粉各少许

做法

①将土豆削去外皮洗净，放在案板上，在选好的一个土豆下面两侧各垫上一根筷子，这样每一刀都切不到底，就不会将土豆切断。先将土豆一面用刀直切成薄片，再把土豆翻面，用刀斜切成薄片，中间不能切断。

②将切好的土豆放入盐水中浸泡一会儿；然后放入冷水锅中焯一下，捞出晾干水分后均匀地撒上红薯淀粉，并用长竹扦将其穿好撑开；接着把穿好的土豆串放入冰箱中冷冻1小时。

③锅中烧油，将冻过的土豆串放入锅中炸熟，控干油后复炸至金黄色捞出，撒上孜然粉和椒盐粉即可。

制作旋转薯塔十分考验刀工，不管是直切还是斜切，一定不能将土豆切断。如果刀工不好，可以使用专门的旋转刀具。

烤生蚝

主料▶ 生蚝适量

辅料▶ 大蒜 5 瓣、小葱 3 根、粉丝 1 捆、小米椒少许

调料▶ 盐、生抽、香油、糖各少许

做法▶

①用刷子将生蚝刷洗干净；将粉丝提前放在冷水中泡软；去皮后的大蒜用刀剁碎；将小葱洗净切成葱花、小米椒切圈备用。

②锅中烧油，放入蒜末炒至金黄后倒入碗中，然后放入生抽、盐、糖和香油搅拌均匀备用。

③撬开生蚝冲洗一下，分别把泡软的粉丝放在生蚝上，并倒上适量的蒜蓉酱、小米椒和葱花；最后将生蚝放在烤架上烤约 10 分钟即可。

小 贴 士

生蚝即牡蛎，是一味珍贵的中药材，具有养血安神、软坚消肿的功效。让烤生蚝美味的关键在于蒜蓉酱，它可以完美地减弱生蚝的腥味，突出生蚝的鲜美。除了使用烤架制作外，家用烤箱也可以实现烤生蚝自由。

铁板鸭肠

主料 鸭肠 500 克

辅料 小葱 1 根、姜 3 片

调料 盐、油、料酒、辣椒粉、孜然粉和烧烤酱各适量

做法

①将鸭肠用盐揉搓后清洗干净，加入葱、姜和料酒腌制 10 分钟。

②将腌制好的鸭肠切成长段，然后用竹扦穿起来。

③在铁板锅上刷少许食用油，将穿好的鸭肠放在铁板锅上，用压板压住，烤至金黄色后刷上烧烤酱，继续用压板压熟，最后撒上辣椒粉和孜然粉即可。

小贴士

清洗鸭肠时，可以加入少许食用碱或白醋，反复揉搓挤压后，再用清水冲洗，如此反复两三次，这样洗出来的鸭肠不仅更干净，腥臭味也会消失。

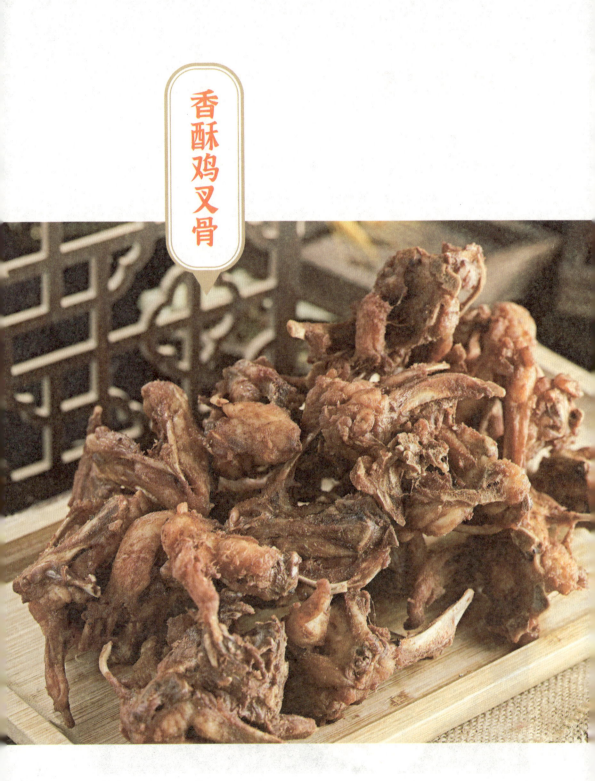

香酥鸡叉骨

主料 鸡叉骨 1000 克

辅料 桂皮 1 块、香叶 3 片、大蒜 4 瓣、洋葱半个，淀粉、面粉各适量，小苏打 5 克

调料 老抽、料酒、蚝油、白醋、白糖、豆瓣酱各 2 勺，生抽 5 勺，十三香、辣椒粉、孜然粉各适量

做法

①将大蒜拍碎，洋葱切块；将鸡叉骨洗净放进盆中，大块的鸡叉骨要分成小块；然后将调料、香料、大蒜和洋葱全部倒在鸡叉骨上，用手抓匀，放入冰箱中冷藏 10 小时，期间需要多次搅拌。

②准备两个大碗，一个倒入面粉、淀粉和小苏打搅拌均匀；另一个倒入适量清水备用。

③先将鸡叉骨放入有面粉混合物的碗中裹满面粉，接着将裹满面粉的鸡叉骨在装水的碗中快速蘸一下水，然后再次放入面粉碗中用面粉裹实。

④锅中烧油，油热后将裹好面粉的鸡叉骨放入锅中，用中小火将其炸至金黄色后捞出，待其放凉后复炸一遍，最后撒上辣椒粉和孜然粉即可。

小贴士

鸡叉骨即鸡锁骨，此处肉虽不多，但是肉质十分细腻鲜嫩。炸鸡叉骨的料汁口味并不是固定的，可以根据自己的喜好进行调整。炸鸡叉骨的时间不宜太长，约 3 分钟即可，然后捞出复炸 6～8 分钟。

烤豆皮

主料 豆腐皮适量

辅料 小葱 3 根、酸豆角少许、香肠 3 根、大蒜 5 瓣

调料 油、烧烤酱、孜然粉、辣椒粉各适量

做法

①清洗所有食材，将小葱切葱花、香肠切成丁、大蒜剁碎备用。

②将豆皮摊在烧烤架上，刷上一层薄油，然后翻面刷上一层烧烤酱，并加入酸豆角、香肠丁和蒜末，接着卷起豆皮用竹扦穿好，继续不停地翻面刷酱直至烤熟，最后撒上孜然粉和辣椒粉，并用少许葱花点缀即可。

小 贴 士

豆皮有厚有薄，厚一点的豆皮更有嚼劲，薄一点的豆皮更加松软，可以根据自己喜欢的口感挑选。

奥尔良烤鸡腿

主料 鸡腿 500 克

调料 奥尔良腌料 30 克、盐适量、黑胡椒粉少许、蜂蜜 3 勺

做法

①清洗所有鸡腿，控干水分后放入盆中，用针在鸡腿上扎一些孔洞；将蜂蜜用温水冲开备用。

②将奥尔良腌料、盐和黑胡椒粉一起倒入碗中，搅拌均匀后倒在鸡腿上，用手抓匀，然后盖上保鲜膜放进冰箱中冷藏 6 小时。

③将鸡腿用铁扦子穿好放在烤架上不断翻烤，期间可以多次给鸡腿刷上腌鸡腿用的料汁，当鸡腿八分熟时再刷上一层蜂蜜水，直至烤熟即可。

小 贴 士

制作奥尔良烤鸡腿一般选用小鸡腿，在制作时，为了使鸡腿肉更加入味，可以在鸡腿表面划几刀。奥尔良烤鸡腿口味十分独特，鲜香、酸辣中带着甜味。

锅巴小土豆

主料 小土豆适量

调料 孜然粉1勺、辣椒粉1勺、盐少许、生抽1勺、油适量

做法

①将土豆洗净切成小块；锅中烧油，倒入土豆块，小火慢煎至熟。

②捞出煎熟的土豆块，撒上孜然粉、辣椒粉、盐和生抽，搅拌均匀即可。

制作锅巴土豆一定要选用小土豆，这种土豆表皮光滑，水分很少，口感比较绵软，会更加入味。

烤苕皮

主料 红薯淀粉 30 克

辅料 小葱 2 根、白芝麻适量

调料 烧烤酱 3 勺、辣椒粉 1 勺、孜然粉 2 勺、烧烤料 1 勺、油适量

做法

①将红薯淀粉用清水调成面糊状；将小葱洗净切碎。

②将烧烤酱、辣椒粉和孜然粉倒入碗中搅拌均匀；锅中烧油，油热后将其泼在调料上，拌匀当做酱汁。

③在平底锅中刷油，倒入适量面糊均匀地摊开，等面糊凝固后翻面将其煎熟。

④在煎好的苕皮表面涂上料汁，然后卷起用竹扦穿好，再次刷上酱汁，撒上白芝麻和葱花即可。

小贴士

苕皮主要由淀粉制作而成，属于宽粉条。其口味劲道有弹性，可搭配小菜，如酸豆角、酸萝卜等，口感十分丰富。烤苕皮和烤冷面有着异曲同工之处。街市上的烤苕皮一般使用炭火，烤出来的苕皮味道口感更佳。

油煎虾泥饼

主料 鲜虾 300 克

辅料 小葱 1 把、鸡蛋 1 枚、淀粉 1 勺

调料 白胡椒粉 1 勺、盐 1 勺、油适量

做法

①将鲜虾洗净剥去外壳，去掉虾线，剁成泥状；将小葱洗净切成葱花。

②将虾泥、蛋清和葱花放入碗中，加入一点点淀粉、白胡椒粉和食盐搅拌均匀。

③搅拌好的虾泥平均分成若干份；锅中烧油，放入虾泥将其炸熟即可。

小贴士

虾肉中含有大量的蛋白质、矿物质和丰富的维生素，可以有效补充人体所需的营养，提高免疫力。虾肉中的虾青素具有抗氧化，预防心血管疾病的作用。经过油煎的虾泥饼口味鲜美，香气浓郁，老少皆宜。

炸蘑菇

主料 蘑菇、面粉各适量

辅料 鸡蛋1枚

调料 盐、椒盐、孜然粉各少许

做法

①把面粉倒入盆中，加入鸡蛋、盐和适量清水搅拌成面糊。

②将蘑菇洗净撕成小朵，放热水中烫一下，挤干水分后裹上面糊。

③锅中烧油，下入裹有面糊的蘑菇炸至金黄捞出，然后再复炸30秒后控油捞出，均匀地撒上椒盐和孜然粉即可。

小贴士

烫蘑菇只需30秒，时间太久会影响蘑菇的口感。面糊中可以加入少许淀粉，这样炸出的蘑菇比较酥脆。蘑菇下油锅时，要改小火，并一个一个地下，以免粘连。蘑菇下锅之后，要改成大火使其均匀受热。

炸鸡排

主料 鸡胸肉 1 块

辅料 淀粉适量、鸡蛋 5 枚、面包糠 1 袋

调料 生抽 2 勺、蚝油 1 勺、盐少许

做法

①将鸡胸肉洗净，从侧面横切使其一分为二，这样薄一点容易入味，然后用刀背拍打鸡胸肉，使肉质松弛。

②将鸡胸肉放入碗中，加入生抽、蚝油和盐抓匀并腌制 30 分钟。

③取 3 个大碗，分别放入鸡蛋液、淀粉和面包糠；将腌制好的鸡胸肉先裹满淀粉，再蘸满鸡蛋液，最后裹上面包糠。

④把鸡胸肉放入空气炸锅中，调至 180 摄氏度，烤制 25 分钟即可。

小贴士

腌制鸡排时，可以放入冰箱中冷藏 2 小时，鸡肉可以充分吸入味道。160 摄氏度的油温最适合炸鸡排，可以将筷子插入油中，当筷子周围出现很多小气泡时，说明油温刚好。

第三章

红红的炉火上，
是妈妈揉过的面团

西安肉夹馍

主料 五花肉 500 克、面粉 1000 克

辅料 生姜 1 块、大葱 1 根、桂皮 1 块、八角 3 个、花椒 1 把、香叶 3 片、酵母 4 克、小苏打 1 克、猪油 80 克、泡打粉 8 克

调料 生抽、盐、料酒、鸡精、油、冰糖各适量，老抽少许

做法

①清洗所有食材，将生姜切片、大葱切段、五花肉切成大块状。

②锅中烧油，放入冰糖炒出糖色，然后将五花肉放进锅中煎至金黄；接着倒入适量温水，并加入料酒、生姜、葱白、桂皮、八角、花椒和香叶，大火煮开后加入生抽和老抽调色，改小火慢炖约 40 分钟；加入食盐和鸡精调味，小火继续炖约 20 分钟关火。

③把面粉、小苏打和泡打粉一起倒入盆中，再用温水将猪油化开，然后分多次倒入面粉中，将其和成光滑的面团。

④面团饧 40 分钟后，用手揉成光滑状，然后分成 110 克左右的小面团，将其揉成一头粗，一头细长的条状，然后擀平、卷起，再擀成饼状，放入平底锅中煎出花色，放凉后放入烤箱中 230 摄氏度烤约 6 分钟。

⑤用刀将饼从中间分开，加入剁碎的五花肉即可。

小贴士

我们常见的西安肉夹馍其实有两种，一种是以白吉馍为夹饼的"腊汁肉夹馍"，其肉不咬自烂，肥瘦适宜不腻口，食后有余香。另一种是"老潼关肉夹馍"，使用的馍一般都是新鲜出炉的，口感酥香、干脆，所夹的肉都是煮好放凉的肉，俗称"热馍夹凉肉"。

主料▶ 普通面粉 700 克

辅料▶ 白芝麻适量、低筋面粉 140 克

调料▶ 白砂糖 200 克、油 150 克

做法▶

①将 600 克普通面粉和 40 克油倒入盆中，加入 320 克凉水，将其揉成光滑的面团，盖上保鲜膜饧 10 分钟。

②将低筋面粉和 110 克的油一起倒入碗中搅拌均匀，调成油酥备用。

③将白砂糖和 100 克普通面粉一起倒入干净的碗中，搅拌均匀作馅料。

④分出三分之一面团放在案板上擀成薄片；然后用三分之一的油酥均匀地涂抹在薄片上；接着将薄片慢慢卷起，卷成一根长条，再将其平均分成 6 份，分别加入白砂糖馅料，擀成圆饼，撒上白芝麻，放在平底锅中烙熟。

小贴士

　　在制作糖酥烧饼时，面团擀开后不可以漏油酥，否则容易影响口感。擀好的面团可以蘸一点水，再撒上白芝麻，这样会更加牢固。

梅干菜锅盔

主料 面粉 400 克、五花肉 250 克

辅料 榨菜 1 包、梅干菜 75 克、小葱 3 根、生姜 5 片、酵母 4 克

调料 油、白糖、香油、花椒油、黑胡椒粉各少许

做法

①将面粉和酵母倒入盆中，加入少许油，加清水和成光滑的面团等待发酵。

②清洗所有食材，将梅干菜提前在水中浸泡，然后挤干水分剁碎；将五花肉剁成肉泥；将榨菜、小葱和生姜分别剁碎。

③将梅干菜、榨菜、小葱和生姜放入五花肉中，加入香油、白糖、花椒油和黑胡椒粉搅拌均匀。

④将发酵好的面团揉光滑后平均分成若干个小面团，分别包入肉馅，擀成薄饼，放入烤箱 200 摄氏度烤 20 分钟即可。

小贴士

梅干菜锅盔饼皮的厚薄不同，口感就会不同。喜欢酥脆的，饼皮一定要擀的越薄越好。喜欢松软的，和面时一定要加入酵母。喜欢浓香的，馅料要先炒制再用。

驴肉火烧

主料 面粉 300 克、酱驴肉 1 块

辅料 青椒 1 个、小葱 5 根

调料 油、五香粉各少许

做法

①清洗所有食材，锅中烧油，油热后放入小葱炸出葱油；将 20 克面粉和少许五香粉倒入碗中，并加入葱油搅拌均匀做成油酥。

②将剩余面粉全部倒进盆中，加温水和成光滑的面团，盖上保鲜膜饧 1 小时。

③将醒好的面团擀成大薄片，把油酥均匀地涂抹在上面，然后卷起平均分成 6 个小面团；将小面团擀成长方形，两边对折后从中间再对折，并用擀面杖将其擀平；烤箱调至上火 170 摄氏度，下火 180 摄氏度，将饼放进烤箱烤 20 分钟，制成火烧。

④酱驴肉和青椒剁碎，火烧切开放入碎肉和青椒即可。

小 贴 士

驴肉有补气养血、滋阴补肾的功效。驴肉火烧是河北保定和河间的名吃，保定火烧以圆形为主，驴肉选用太行小型驴；河间火烧以方形为主，驴肉选用渤海大型驴。我们日常见到的多是河间驴肉火烧。

开封灌汤包

主料 高筋面粉 400 克、肉皮冻 200 克、五花肉 200 克

辅料 小葱、生姜、大蒜各少许，土豆淀粉少许

调料 生抽 2 勺、盐 3 克、糖 1 克、胡椒粉 2 克、五香粉 2 克

做法

①将高筋面粉倒入盆中，一分为二，一半面粉加 100 克、70 摄氏度的热水搅拌成絮状；另一半面粉加入少许土豆淀粉和食盐，加 100 克常温水搅拌成絮状，然后将二者揉成一个光滑的面团，饧 30 分钟。

②将葱、姜洗净切碎，在水中浸泡一会儿；将五花肉洗净剁成肉泥，加入五香粉、胡椒粉、盐、生抽和葱姜水，搅拌均匀后放入冰箱冷藏 1 小时。

③取出肉馅，将皮冻剁碎后倒入肉馅中，搅拌均匀后继续放冰箱中冷藏；将饧好的面团揉成长条状，切成小剂子，再擀成小薄片，裹上肉馅，包成包子，放在蒸锅中蒸 10～15 分钟即可。

小贴士

"皮薄馅大、灌汤流油、软嫩鲜香、肥而不腻"是开封灌汤包的主要特点。灌汤包的吃法十分有讲究，有"先开窗，后喝汤，一口光，满口香"之说。

水煎包

主料 中筋面粉 300 克、韭菜 1 把、鸡蛋 6 枚

辅料 酵母 2 克、淀粉少许

调料 油适量、胡椒粉 1 勺、盐 1 勺、香油 1 勺、鸡精 1 勺

做法

①将韭菜洗净控干水分后切碎；将鸡蛋搅成蛋液并炒成鸡蛋碎，然后放凉和切碎的韭菜一起放入盆中，加入香油、胡椒粉、盐和鸡精搅拌均匀备用。

②将面粉倒入盆中，加清水揉成光滑的面团，然后分成若干个小剂子，将剂子擀薄，裹上馅料，包成包子。

③淀粉中加入少许清水，拌成面糊；平底锅中刷一层油，将包子放入锅中，等包子煎成金黄色时，加入少许水淀粉，盖上锅盖继续煎约 10 分钟关火即可。

水煎包的皮很薄，口感脆而不硬、香而不腻，多以牛肉、猪肉或韭菜鸡蛋作为馅料。制作时以水煎为主，淋入水面糊的时机不可过早也不可过晚，否则会影响表皮酥脆的口感。

新疆烤馕

主料 中筋面粉 500 克

辅料 酵母 5 克、鸡蛋 2 枚、纯牛奶 200 克、小葱 2 根

调料 孜然粉 2 克、盐 5 克、油适量

做法

①将面粉倒入盆中，加入酵母、盐、1 枚鸡蛋和油搅拌均匀；然后分多次倒入 200 克纯牛奶，将面粉揉成面团，饧 2 小时。

②将另一个鸡蛋打入碗中搅匀；将小葱切成葱花备用。

③取出饧好的面团揉成长条状，平均分成 5 个小面团；用擀面杖将小面团擀成薄饼状，并将饼的边缘捏厚，用牙签在饼的中间扎出许多小孔。

④在饼上涂一层薄薄的鸡蛋液，撒上白芝麻；待烤箱预热后，调至 200 摄氏度烤 15 分钟后取出，最后撒上葱花和孜然粉即可。

小贴士

馕是新疆人饮食中最不可缺少的食物。这种饼看起来虽然普通，但吃起来外酥里软、越嚼越香。新疆人烤馕一般使用馕坑，烤出来的馕比较紧实，在家用烤箱烤出来的馕类似面包，比较松软。

煎饼果子

主料 绿豆 160 克、小米 40 克

辅料 薄脆少许、鸡蛋 1 枚、香肠 1 根、生菜 1 颗、小葱 2 根、黑芝麻少许

调料 五香粉 3 克、甜面酱适量、盐 3 克

做法

①将绿豆和小米一起放入干磨杯中研磨成粉，然后加入五香粉、盐和清水搅拌成面糊。

②将小葱洗净切成葱花，生菜洗净备用；平底锅中刷上少许油，舀一勺面糊均匀地摊在锅中。

③约 1 分钟后将鸡蛋打在面糊上并摊开，然后撒上少许黑芝麻，凝固后翻面，刷上甜面酱，撒上葱花和咸菜；加入薄脆、生菜和煎熟的香肠，将饼皮对折卷起再对折切开即可。

小贴士

煎饼果子是天津有名的早点小吃。其饼皮软糯中带着谷香，酱料有咸香和香辣，配上几片薄脆，咬一口"咔吱"作响，整个口感极其富有层次。

上海生煎包

主料▸ 中筋面粉 500 克、猪肉 800 克

辅料▸ 酵母 5 克、小葱 1 把、白芝麻适量、生姜 1 块

调料▸ 猪油 20 克、白糖 10 克、生抽 30 克、胡椒粉 2 克、料酒 1 勺、蚝油 30 克、鸡精 5 克、盐适量

做法▸

①清洗所有食材，将生姜和猪肉分别剁碎，一起放入盆中，加入料酒、生抽、胡椒粉、蚝油、鸡精和 10 克白糖搅拌均匀。

②将小葱切成葱花，将一半葱花倒进肉馅中，锅中烧油，油热后泼在葱花上，再次将肉馅搅拌均匀，放入冰箱冷藏。

③将中筋面粉倒入干净的盆中，加入酵母、猪油和白糖，加清水和成光滑的面团等待发酵。

④取出发酵好的面团，揉成长条状，分成若干个小剂子，然后擀成薄皮，裹入肉馅，包成包子，饧 10 分钟后，将包子的底部蘸一点白芝麻。

⑤平底锅中刷油，放入生煎包，小火慢煎至底部金黄，然后放入一半清水，盖上锅盖，改中大火煎熟，关火前撒上葱花即可。

小贴士

"金黄褶子、皮松软、肉馅美、底焦香"是上海生煎包的主要特点。此外，上海生煎包吃起来有八香：葱香、姜香、油香、芝麻香、麦香、酵香、肉香和酥底香。

烧麦

主料 糯米 500 克、腊肉 1 块、烧麦皮适量

辅料 胡萝卜 1 根、小葱少许

调料 盐、胡椒粉、生抽、蚝油、油各少许

做法

①将糯米洗净并浸泡一夜；将胡萝卜洗净切成丁、腊肉切碎、小葱切成葱花。

②锅中烧水，加入几滴油，将腊肉丁和胡萝卜丁焯 1 分钟，捞出沥干水分。

③另起锅烧油，下葱花炒香，倒入胡萝卜丁和腊肉丁，翻炒几下后加入盐、生抽、蚝油和胡椒粉，搅拌均匀直至炒熟。

④将糯米蒸熟放凉，和炒好的食材一起搅拌均匀；将烧麦皮边缘处捏出褶皱，糯米饭捏成小圆形放入烧麦皮中，然后压紧收拢，放入蒸笼中用大火蒸熟即可。

小贴士

烧麦皮薄馅大，清香可口，在民间经常被当作宴席佳肴。烧麦的馅料种类有很多，北方烧麦以肉馅为主，南方烧麦以糯米为主，沿海地区还喜欢用海鲜制作烧麦。制作烧麦皮要使用烫面，并捏成石榴花的形状。

杭州小笼包

主料 面粉 500 克、猪肉 800 克

辅料 酵母 5 克、大葱 2 根、生姜少许

调料 老抽 1 勺、生抽 1 勺、甜面酱 2 勺、五香粉 1 勺、盐 10 克、白糖 5 克、蚝油 1 勺、香油 1 勺

做法

①清洗所有食材，将大葱、生姜剁碎，猪肉剁成泥；将肉泥放入盆中，加入所有调料和少许清水一起搅拌均匀，然后放入冰箱冷藏。

②将面粉倒入盆中，酵母和白糖混合后用 250 毫升的温水化开，然后倒入面粉中和成面团等待发酵。

③从冰箱取出肉馅，放入葱、姜搅拌均匀；将发酵好的面团分成小剂子，裹上肉馅包成包子，饧 10 分钟后，放入蒸锅中蒸熟即可。

小贴士

制作杭州小笼包，和面时一定要用温水，这样面皮才会松软。馅料经过冰箱冷藏，才容易出汁，使香味充分融进面皮中。食用时，蘸醋或辣椒油，口感更佳。

芝麻炊饼

主料 面粉 850 克

辅料 酵母 6 克、白芝麻适量

调料 盐 5 克、花椒粉 3 克、熟油 50 克

做法

①将 800 克面粉、酵母和 2 克盐放入盆中，加清水和成面团，饧 20 分钟。

②将 50 克面粉、花椒粉和熟油倒入碗中，搅拌均匀做成油酥。

③案板上刷一层油，将发酵好的面团揉搓摊平，擀成大薄片，然后抹上一层油酥，将其卷成长条状，再平均分成若干份小剂子。

④把剂子拉长按扁，然后多次折叠并揉成一个圆形，两侧分别沾上白芝麻，并用手将其压扁平继续饧 10 分钟。

⑤烤箱预热，上下火 180 摄氏度后，面饼放入烤约 30 分钟即可。

小贴士

芝麻炊饼也叫"武大郎炊饼"，这是一种不分正反面，外部干焦，内部咸软，韧性十足的烧饼，属于山东阳谷县的名吃，也曾出现在《水浒传》等小说中。

叉烧包

主料 低筋面粉 350 克、猪肉 120 克

辅料 洋葱 25 克、牛奶 1 袋、泡打粉 6.5 克、酵母 5 克、淀粉 10 克

调料 油适量、生抽 4 克、老抽 2 克、盐 1 克、叉烧酱 7 克、蚝油 5 克、白糖 65 克、料酒 3 克

做法

①将盐、5 克白糖、2 克生抽、老抽、蚝油和叉烧酱一起放入碗中搅拌均匀，调成酱汁；将淀粉用 25 克清水化开备用。

②将猪肉和洋葱分别切碎；锅中烧油，下猪肉炒香，加入料酒和生抽翻炒变色，然后倒入适量清水，用中小火慢煮收汁；然后放入洋葱丁和酱汁，最后加入少许淀粉水，搅拌均匀，收汁关火。将炒好的酱料放冰箱冷藏 2 小时。

③将低筋面粉、酵母、泡打粉、白糖、牛奶一起倒入盆中，和成光滑的面团，饧 1 小时后，将面团揉成小条状，分成若干个小剂子，分别擀平，包上馅料捏成雀笼形，继续饧 10 分钟，然后放蒸笼上蒸 10 分钟后，关火焖 3 分钟即可。

小 贴 士

叉烧包是广东地区十分有代表性的传统名吃之一，有粤式早茶"四大天王之一"的美誉。叉烧包的面皮色白松软，口味甜中带咸。其面皮经过合适的发酵，捏成雀笼形，蒸熟后包子顶部会自然开裂。

酱香饼

主料 中筋面粉 500 克

辅料 洋葱半个、大蒜 4 瓣、生姜 1 小块、葱白 3 根、小葱 2 根、白芝麻适量

调料 郫县豆瓣酱 2 大勺、黄豆酱 1 大勺、甜面酱 1 大勺、辣椒酱 1 大勺、五香粉 1 小勺、白糖 1 小勺、花椒粉 1 小勺、孜然粉 1 小勺、油适量、盐 2 克

做法

①将中筋面粉和盐倒入盆中，先加开水并将其搅拌成絮状，再加常温水并将其揉成光滑的面团，饧 15 分钟后，将面团揉成长条状，平均分成 4 份，继续饧 30 分钟。

②将孜然粉、花椒粉倒入碗中；锅中烧油，油热后泼入碗中，搅拌均匀做成油酥。

③把饧好的面团擀成圆形，涂上油酥，将其慢慢卷起后擀成薄饼。

④将洗净的洋葱、生姜、大蒜和葱白放入搅拌机中，加入郫县豆瓣酱、黄豆酱、甜面酱、辣椒酱、五香粉、白糖和 5 大勺清水并将其打成糊状。

⑤锅中烧油，倒入酱汁炒香，再加入 1 小碗清水搅拌均匀，改小火煮至浓稠状。

⑥将小葱洗净切成葱花；平底锅中刷一层油，将擀好的薄饼摊入，煎至两面金黄后，刷上一层酱汁，并撒入白芝麻和葱花即可。

小贴士

酱香饼又叫作"土家酱香饼"，是湖北恩施土家族特有的小吃。酱香饼还被称为"中国披萨"。其口味咸中带香，甜中带绵，辣而不燥，外脆里软。烙饼时要用小火，偶尔转动锅以使饼受热均匀。

韭菜盒子

主料 高筋面粉 500 克、韭菜 1 把

辅料 鸡蛋 5 枚

调料 盐、胡椒粉、鸡精、油、香油各适量

做法

①将韭菜洗净控干水分后切碎；将鸡蛋打成蛋液煎熟后切碎；将韭菜和鸡蛋一起放入盆中，加入盐、胡椒粉、鸡精和香油搅拌均匀备用。

②将面粉倒入盆中，撒入 3 克盐，加开水和成光滑的面团，饧 30 分钟后，将面团揉成长条状，平均分成若干个小剂子，并将其擀成薄圆形面皮。

③把调好的馅料放在面皮上，像包饺子一样将饼对折，封口压紧。

④平底锅中刷油，油热后放入韭菜盒子，等底部煎至金黄色后翻面煎熟即可。

小 贴 士

韭菜盒子还有一种懒人做法。买适量的饺子皮，将每个饺子皮蘸油后叠在一起，然后擀成大圆饼，裹入菜馅，包好之后煎熟。每个大饼皮需要用 10 ~ 20 个饺子皮。

葱油饼

主料▶ 面粉 500 克

辅料▶ 小葱 1 把

调料▶ 猪油 50 克，盐、花椒粉各适量

做法▶

①将小葱洗净切碎；锅中放入猪油，烧热融化后倒入碗中，然后加入盐和 2 勺面粉搅拌均匀，做成油酥。

②将剩余面粉倒入盆中，加入盐，用开水将其和成光滑的面团，饧 30 分钟；然后把饧好的面团搓成长条状，再分成若干个小剂子。

③将小剂子擀平，抹上油酥，撒上葱花和花椒粉，并将其卷起来，再次擀平。

④平底锅中倒入少许油，放入擀好的饼，小火将其煎熟即可。

小 贴 士

　　葱油饼是北方特色小吃，其口感葱香浓郁，外酥内软。油酥也可以用凉油制作，只是口感没有那么浓香。面皮不需要发面和饧面，直接烹制即可。

手抓饼

主料 面粉 400 克

辅料 鸡蛋 1 枚、生菜 1 片、香肠 1 根、小葱少许

调料 盐 4 克、熟油 4 勺、椒盐半勺、番茄酱少许

做法

①将小葱洗净切碎；将面粉和盐倒入盆中，一半面粉用 130 克开水搅拌成絮状，另一半面粉用 130 克凉水搅拌成絮状，然后撒入少许葱花，将二者混合揉成光滑的面团，并分成若干份小剂子，在剂子上刷一层油，盖上保鲜膜饧 30 分钟。

②将 2 勺面粉、椒盐和熟油混合，搅拌均匀调成油酥。

③把饧好的剂子擀成大薄片，涂上油酥，像扇子一样折叠起来，再将其卷成一团，饧 10 分钟，然后擀成面饼。

④平底锅中刷油，分别将香肠和鸡蛋煎熟；然后继续刷油，再放入面饼煎熟；煎熟的饼上夹入生菜、煎蛋和香肠，再挤上番茄酱即可。

手抓饼起源于台湾省。饼皮层层叠叠，薄如书纸，用手抓起时，饼皮层叠之间面丝相连。咬一口下去会觉得外皮酥脆，内里香嫩柔软。擀面时，如果面饼回缩得很厉害，可以静置一会儿再擀。

第四章

走过路过，不能
错过的儿时风味

手工辣条

主料 牛筋面 200 克

辅料 干辣椒少许、洋葱一个、大葱 15 克、八角 2 个、桂皮 1 块、香叶 3 片

调料 辣椒粉 20 克、花椒粉 5 克、盐 5 克、鸡精 10 克、白糖 10 克、油适量

做法

①将牛筋面放在凉水中浸泡 3 分钟，捞出控干水分，并在牛筋面上刷一层油；再把刷过油的牛筋面放在蒸锅上蒸 8 分钟，取出备用。

②将所有调料放入碗中搅拌均匀；锅中烧油，倒入八角、桂皮、香叶、干辣椒和切好的洋葱与大葱，小火炸至焦黄后捞出残渣，把热油泼进调料碗中拌匀。

③将蒸过的牛筋面倒入调料碗中，搅拌均匀后盖上保鲜膜密封一晚即可。

小 贴 士

制作辣条可以用到很多食材，如剩米饭、豆皮和牛筋面等。选用牛筋面制作时，开盖蒸可以更好地把握火候和时间，以免出现面成坨的情况。

天津麻花

主料 面粉 1000 克

辅料 酵母 8 克，核桃仁、花生仁各适量

调料 白糖、油各适量

做法

①将面粉倒入盆中，放入酵母，加温水和成光滑的面团，发酵 15 分钟。

②将核桃仁和花生仁压碎倒入碗中，再加入 5 大勺面粉；锅中烧油，油热后泼入碗中，并加入一把白糖搅拌均匀，和成馅料。

③将发酵好的面团平均分成大小均匀的剂子，再分别把剂子揉成面条一样的细长条，然后把馅料分成若干份，分别揉成粗长条；每 8 根细长面条上放一根粗长馅料条，接着从一端像搓麻绳一样斜着搓所有的长条，最后多次折叠将其卷成麻花。

④锅中烧油，油八成热时放入麻花，小火炸熟即可。

小 贴 士

　　天津麻花是天津地地道道的传统名吃，以"十八街麻花"最为有名。麻花的颜色金黄光亮，口感酥脆香甜、久放不绵，中间可以夹含芝麻、核桃、桂花、花生等的馅料，越吃越有嚼劲，越品越香甜可口。

猫耳朵

主料 ▶ 低筋面粉 500 克

辅料 ▶ 牛奶 80 克、白芝麻适量

调料 ▶ 盐 10 克、油适量、红糖 90 克、白糖 100 克、猪油 30 克、蜂蜜 3 勺

做法

①将红糖倒入碗中，用温水化开，做成红糖水。

②先将一半低筋面粉倒入盆中，加入盐、牛奶、白糖、蜂蜜和猪油，用水和成干硬的白面团；再将另一半低筋面粉倒入盆中，加入猪油和红糖水，和成干硬的红面团。

③将白面团和红面团都擀成大薄皮，然后将红面皮放在白面皮上面，将二者紧紧地卷成长条状，接着把长条全部切成小薄片。

④在干净的碗中倒入清水，切好的小薄片先蘸水，再蘸上白芝麻；锅中烧油，油热后下入蘸着白芝麻的小薄片，炸熟即可。

小 贴 士

猫耳朵又叫"猫耳酥"，口味有咸有甜，外形有薄有厚，咬一口酥酥脆脆，是很多人童年的味道。制作猫耳朵时，可以把揉好的面团放入冰箱冷藏一会儿，切出来的效果更好。

驴打滚

主料 糯米粉 160 克、玉米淀粉 20 克

辅料 牛奶 200 克、红豆沙适量

调料 白糖 10 克、油适量、黄豆粉少许

做法

①将糯米粉、玉米淀粉、白糖、牛奶和油全部倒入盆中，搅拌均匀封上保鲜膜，并在保鲜膜上用牙签扎几个小孔，然后将其放在蒸锅中蒸 20 分钟。

②向红豆沙中加入少许温水并搅拌均匀。

③案板上刷油，将蒸好的糯米粉放在案板上揉成光滑的圆团，然后在案板上撒上黄豆粉，继续揉搓糯米团，并将其擀成大薄皮，铺上红豆沙，慢慢将其卷起压紧，最后用细线将长条状的糯米卷切成若干份，再撒一遍黄豆粉即可。

小贴士

驴打滚又叫豆面糕，是北京传统特色名吃。驴打滚金黄绵软，豆香味十足，老少皆宜。制作时，切记不要直切，否则面团会变形，可以选用"锯"的方式往下切，也可以用干净的细绳子割开。

糖炒板栗

主料 板栗 500 克

调料 冰糖 100 克、绵白糖 50 克、油适量、盐少许

做法

①冷水中加入食盐，放入板栗浸泡 20 分钟；再用刀将洗好的板栗切一个小口。

②将切过的板栗放入冷水锅中，待其煮开后改小火焖 15 分钟；然后捞出晾干水分。

③另起锅烧油，下入冰糖和绵白糖小火炒化，然后倒入板栗，用小火不断翻炒，使其均匀地挂糖。

④将炒过的板栗放入空气炸锅中，调至 180 摄氏度，15 分钟后即可出锅。

小 贴 士

　　糖炒板栗起源于宋朝时期的辽国，后来盛行于宋朝。糖炒板栗不仅香糯甜蜜，还具有补肾气、强筋骨、健脾胃和活气血的功效。不过脾胃虚寒、消化不良的人不宜多食。

冰糖葫芦

主料 山楂适量

调料 白糖 200 克

做法

①将山楂洗净，滤干水分并去掉根蒂，然后用竹扦将山楂穿成串。

②锅中放入白糖和清水，小火熬煮并不断搅拌，等白糖变色后关火，然后立刻将串好的山楂均匀地裹上糖浆。放凉凝固即可。

冰糖葫芦是北京的传统特色名吃，不仅外脆内糯，酸甜可口，还有生津止渴、开胃消食的功效。市面上的冰糖葫芦除了使用山楂制作外，还可以将许多水果制作成冰糖葫芦，如橘子、草莓等。

炒凉粉

主料 绿豆凉粉 500 克

辅料 绿豆芽 1 把、小葱 1 把、干辣椒少许、白芝麻适量、大蒜 3 瓣、生姜 5 片

调料 郫县豆瓣酱 10 克、油适量、生抽 10 克、盐少许

做法

①清洗所有食材，将小葱切成葱花、干辣椒切段、大蒜和生姜剁碎、凉粉切成块备用。

②锅中烧油，下姜蒜爆香，放入郫县豆瓣酱和干辣椒翻炒几下，接着倒入凉粉炒至透明，最后加入豆芽炒至断生，关火前加入生抽和食盐调味，并撒上葱花和白芝麻点缀即可。

小 贴 士

炒凉粉是河南开封的传统名小吃。凉粉的种类有很多，如豌豆粉、绿豆粉、红薯粉、山芋粉等，都可以制作成晶莹剔透、嫩滑爽口的炒凉粉。

麻辣牛肉干

主料 牛肉 500 克

辅料 生姜 5 片、白芝麻适量、葱白 1 根、八角 2 个、桂皮 1 块、香叶 3 片、小茴香少许、大蒜 3 瓣

调料 油适量、料酒 1 勺、干辣椒 20 个、老抽半勺、鸡精 1 勺、花椒粉 10 克、辣椒粉 10 克、盐少许、冰糖 8 块

做法

①清洗所有食材，将蒜、干辣椒和葱白切丝备用。

②将牛肉下入冷水锅中，加入料酒、葱白和生姜煮 20 分钟，然后捞出晾凉并切成小长条。

③锅中烧油，下大蒜、八角、桂皮、香叶和小茴香炒出香味，然后捞出香料残渣，倒入冰糖炒出糖色；接着倒入牛肉条翻炒均匀，并加入老抽、盐和鸡精调味；改小火炒干肉条水分，同时放入干辣椒翻炒均匀，最后加入花椒粉、辣椒粉和白芝麻继续翻炒入味即可。

小贴士

牛肉中富含肌氨酸，可以促进肌肉增长、提升力量；还含有大量维生素及肉毒碱，能够促进人体的新陈代谢。用上述方法炒制后的牛肉干肉质十分紧实、有嚼劲，麻辣鲜香的口感可以使人情绪愉快，慢慢咀嚼可以帮助人缓解压力。

黏豆包

主料 糯米粉 500 克

辅料 红豆 400 克

调料 白糖 100 克

做法

①将糯米粉倒入碗中，加入 350 克热水并不断搅拌，放凉后揉成面团。

②将红豆洗净，提前用清水浸泡一夜，然后放入高压锅中压熟；接着将其捞出，并加入白糖捣碎；待红豆冷却后用手揉成若干个小球，放入冰箱冷藏备用。

③糯米团揉光滑后，用手揪一小块压成小饼，包上红豆馅，揉成光滑的小圆球；如此反复直至糯米团用完。

④锅中烧水，蒸笼上刷一层油，然后放入揉好的黏豆包，中火蒸 15 分钟即可。

小 贴 士

黏豆包是东北的特产之一，也是满族人的传统食品。制作黏豆包时，除了可以使用糯米做皮，也可以选用大黄米。

冻梨

主料 雪梨适量

做法

将雪梨洗净擦去水分，放入冰箱的冷冻室中冻 4 天；然后取出放在常温解冻 8 小时；接着将雪梨再次放入冰箱冷冻室中冻 4 天；如此反复直至雪梨表皮变黑，取出解冻即可食用。

小贴士

冻梨具有清热利咽、止咳降噪、醒酒解腻的功效，其口感冰爽酸甜，十分可口，是中国北方冬季的特色果品小吃。

竹筒粽子

主料 糯米 500 克

辅料 红豆少许

调料 白糖少许

做法

①将糯米和红豆洗净后浸泡一夜；将竹筒洗净并用淡盐水煮一下。

②将糯米和红豆混合，然后倒入竹筒中并塞满。

③锅中烧水，放入装好糯米的竹筒，大火煮开后改小火煮 2 小时，然后关火焖一夜；出锅前再用小火煮 1 小时；食用时打开塞头，插入竹扦，撒上白糖即可。

竹筒粽子绵软甜糯，吃起来十分方便。糯米除了可以搭配红豆外，还可以搭配紫米、葡萄干等。竹筒两端的塞子一定要塞紧，以免在煮的过程中，塞子受热后蹦出来。

鲜肉粽子

主料 糯米 1000 克、五花肉 800 克

辅料 干粽叶 2 包

调料 老抽 200 克、盐 5 克、蚝油 80 克、生抽 50 克、白糖 10 克

做法

①将糯米洗净，倒入 150 克老抽、50 克蚝油、3 克盐和清水并搅拌均匀，浸泡 2 小时。

②将五花肉切成大块，用 50 克老抽、50 克生抽、30 克蚝油、2 克盐和 10 克白糖腌制一夜。

③将干粽叶在凉水中浸泡 3 小时；取两片粽叶，剪去头尾处的硬梗，将其折成一个漏斗状；在"漏斗"里放两勺糯米，中间放 2 块肉，上面再铺满糯米；用勺子压实后，将粽叶下折包裹住糯米，并用绳子绑紧。

④将包好的粽子放入电压力锅中，压 1 小时即可。

北方喜食甜粽，南方喜食咸粽。咸粽子种类很多，鲜肉粽最为经典。要想咸粽好吃，腌好五花肉十分关键。煮粽子时，水里加入少许小苏打，粽香味会更加浓郁，粽子也会更加软烂。

传统糖画

主料▷ 白糖 80 克

调料▷ 柠檬汁 3 滴、油少许

做法▷

①将白糖、柠檬汁和适量清水倒入锅中，用小火熬成糖稀。

②案板上铺一层干净的油纸，上面刷上一层油，并放一根竹扦；然后用小勺子舀出糖稀，在纸上画出自己喜欢的图案即可。

小贴士

糖画汲取了中国民间艺术皮影与剪纸的手法，用糖浆通过快速浇铸的方法，完美地塑造出不同的形象。举起来，生动形象；吃一口，甜甜蜜蜜。

青团

主料 糯米粉 350 克、艾叶 200 克

辅料 苏打粉 2 克、咸蛋黄适量、肉松 200 克

调料 猪油 20 克、沙拉酱 30 克

做法

①将艾叶洗净放入锅中，加入适量清水和苏打粉，煮开后捞出；然后放入料理机中，加入 150 克清水，打成泥状。

②咸蛋黄中加入沙拉酱和肉松，一起搅拌均匀做成馅料，并将馅料团成若干个小圆球。

③糯米粉中拌入艾草泥，揉成面团；取 2 小块 20 克的面团煮熟，然后和猪油一起倒入未煮的面团中，不断揉至面团光滑。

④将揉好的面团分成若干份小剂子，包入馅料，揉成圆团状，大火蒸 15 分钟，出锅后在青团上刷上一层薄油即可。

小 贴 士

青团是清明节与寒食节，在江南一带民间流行的一道传统名吃，所用食材以艾草为主，具有温经散寒、止血止痛、祛湿止痒的功效。

豌豆黄

主料 豌豆 250 克

辅料 红枣适量

调料 白糖 40 克

做法

①将豌豆洗净浸泡一夜；将红枣洗净去核切碎。

②将豌豆放入电饭煲中，加入适量清水（水面超过豌豆 3 厘米），熬成粥状。

③将豌豆粥倒入破壁机中，并加入白糖打成黏糊状。

④将红枣和豌豆糊搅拌均匀后倒入盘中，放凉凝固后将盘子扣在案板上倒出，切成小块即可。

小贴士

豌豆黄是北京的传统名吃，十分适合在春季食用。其味香甜、清凉爽口，制作时可以根据自己的喜好，加入其他食材，如可以加入红枣、枸杞等。

炸春卷

主料 春卷皮 1 盒

辅料 虾米 1 把、韭菜 1 把、豆芽少许、香菇 10 个、鸡蛋 1 枚

调料 盐少许、油适量、生抽 2 勺、蚝油 1 勺

做法

①清洗所有食材，分别将韭菜和香菇切碎。

②锅中烧油，下虾米和香菇炒香，接着倒入韭菜和豆芽，并放入生抽、蚝油和盐翻炒至熟。

③鸡蛋取蛋清倒入碗中；取一张春卷皮，放入馅料并卷紧，两边内折，涂上蛋清紧紧卷起；按此法包出所有春卷。

④锅中烧油，油热后下春卷，用中小火炸熟即可。

小 贴 士

春卷中的馅料不是固定的，可以根据个人口味进行调制。炸春卷时，需用大火快速定型，翻转三次后，改用小火慢炸。春卷皮不是透明的，米皮是透明的，购买时一定注意不要买错。

第五章

走街串巷，
冷热酸甜香

冷锅串串

主料 毛肚、蘑菇、莲藕、丸子、豆皮等食材各适量

辅料 熟芝麻、香菜各少许

调料 料酒、辣椒油、花椒油、芝麻酱、花生酱、生抽、醋、糖、盐各适量

做法

①清洗所有食材，将毛肚切长条、莲藕切片、豆皮切段、蘑菇撕成小朵备用。

②将毛肚放入碗中，加入盐和料酒腌制 20 分钟；然后和其余食材一起用竹扦穿好。

③将所有调料放入碗中搅拌，再加入一把白芝麻调成料汁。

④锅中烧水，把穿好的食材全部煮熟，然后捞出浸泡在料汁中，放入冰箱冷藏 3 小时即可。

小贴士

　　冷锅串串是成都有名的小吃，它味道悠长、麻辣鲜香，食材种类繁多，做法灵活，百吃不厌。食用时可以根据个人喜好蘸醋或其他酱汁。

麻辣烫

主料 丸子、鸭血、生菜、莲藕、油条、方便面等食材各适量

辅料 纯牛奶 1 袋、大蒜 4 瓣、小葱 1 根、香菜 1 根、小米辣少许

调料 火锅底料一半、豆瓣酱半勺、芝麻酱 2 勺、白糖 1 勺、鸡精半勺、生抽 2 勺、蚝油半勺、花椒油半勺、孜然粉少许、油适量

做法

①清洗所有食材。将莲藕切片，鸭血切块，生菜撕开，小葱和香菜切碎，小米辣切圈；大蒜剁碎后加入少许温水，调成蒜汁。

②将芝麻酱、白糖、鸡精、生抽、蚝油和花椒油用温水调成酸奶状酱汁。

③锅中烧油，放入火锅底料并炒化，加入豆瓣酱炒香，接着倒入 3 碗清水和纯牛奶，待大火煮沸后转小火煮约 2 分钟，再用漏勺捞出汤水中的残渣。

④先将不易煮熟的食材下入锅中，然后再下入易煮食材煮熟；关火前放入孜然粉和蒜汁，搅拌均匀后倒入碗中；取两个小碗，分别装入酱汁和葱花、香菜、小米辣，边吃边蘸酱汁即可。

小贴士

正宗的麻辣烫是以骨汤为底，口感十分鲜美浓香。家常麻辣烫可以借助火锅底料，味道也很足，而且快捷方便。麻辣烫因为地域习惯，做法及吃法也大不相同，北方人喜欢以芝麻酱作为蘸料，而南方人多蘸干碟或油碟。

锡纸花甲

主料 花甲 500 克

辅料 大蒜 8 瓣、生姜 5 片、小米辣 5 个、小葱 1 根

调料 生抽 2 勺、蚝油 1 勺、盐适量、料酒 2 勺、油少许

做法

①将花甲洗净放入盐水中浸泡 40 分钟，使其将沙吐净；将小葱洗净切成葱花。

②将生姜、大蒜和小米辣洗净剁碎倒入碗中；锅中烧油，油热后泼在姜蒜上，放入生抽、蚝油、盐和料酒搅拌均匀，做成蒜蓉酱。

③将吐完沙的花甲装入锡纸盒中，浇上蒜蓉酱，然后盖上锡纸盖，放入锅中蒸熟，最后撒上葱花点缀即可。

小 贴 士

花甲口感鲜嫩，营养丰富，含有大量的矿物质和微量元素，不仅能够满足人体所需营养，还可以滋养身体。锡纸花甲也可以搭配粉丝制作。

广式肠粉

主料 肠粉专用粉 200 克、瘦肉少许、鸡蛋 1 枚

辅料 生粉少许、青菜 2 根

调料 生抽 2 勺、老抽 1 勺、胡椒粉半勺、白糖 1 勺、鸡精半勺、油适量、盐少许

做法

①将肠粉专用粉、油和清水一起倒入碗中搅拌成面糊。

②将瘦肉剁碎，放入盐和生粉腌制一会儿；将青菜洗净烫熟，鸡蛋打散备用。

③将生抽、老抽、胡椒粉、白糖、鸡精和盐倒入碗中拌匀，做成料汁；锅中烧油，油热后倒入料汁，小火煮约 1 分钟关火。

④蒸笼上刷油，倒入一勺肠粉面糊，均匀地摊开，然后撒入少许肉末，将蒸笼放在锅上用小火蒸 2 分钟，加入鸡蛋液继续蒸 2 分钟，接着用刮板将肠粉卷起。

⑤将蒸熟的肠粉切成小段装盘，料汁倒入小碟中，食用时料汁可以浇在肠粉上。

小 贴 士

肠粉是广东地区十分常见的大众小吃，其皮晶莹剔透，口味鲜香嫩滑，再搭配肉馅、鸡蛋或虾肉等，营养价值很高。

舒芙蕾

主料 低筋面粉 50 克、草莓适量

辅料 纯牛奶 20 克、鸡蛋 2 枚、泡打粉适量，薄荷叶、玉米淀粉各少许

调料 细砂糖 15 克、白醋 2 滴、香草精 2 滴、草莓果酱 2 勺、椰蓉适量

做法

①将草莓洗净，用刀切成小块；将鸡蛋打入碗中，把蛋黄和蛋清分开备用。

②面粉过筛后倒入盆中，依次加入打散的蛋黄、牛奶、泡打粉和香草精，搅拌成黏糊状。

③蛋清中滴入白醋，放入细砂糖，然后打发成黏稠的蛋白霜；将做好的面糊倒入蛋白霜中搅拌均匀。

④起锅烧热，舀一勺面糊放入锅中，在面糊周围滴入一点水，改小火并盖上盖子焖 2 分钟，然后翻面继续滴入少许水，盖上盖子焖 2 分钟；按此法将面糊做完。

⑤将做好的舒芙蕾摆入盘中，淋上草莓果酱，放上草莓块和薄荷叶，最后撒上椰蓉即可。

小 贴 士

制作舒芙蕾的面糊不能太稀，蛋清中的白糖需要分三次加入，最后一次加入白糖时，可以撒入少许的玉米淀粉。制作过程中，一定要全程使用小火。

脆皮五花肉

主料 五花肉 500 克

辅料 生姜 3 片

调料 辣椒粉 2 克、五香粉 2 克、孜然粉 2 克、生抽 10 克、盐 1 克、白糖 3 克，料酒、蚝油、白醋、老抽各少许

做法

①将五花肉洗净后切成小段，放入冷水锅中，并加入生姜片和料酒，焯去浮沫。

②将焯好的五花肉放入盆中，并加入辣椒粉、孜然粉、五香粉、老抽、生抽、白糖和蚝油，用手抓匀。

③将抓好的五花肉包上锡纸，露出肉皮，并在肉皮上刷上一层白醋，撒上一层盐；然后放入空气炸锅中，调至 200 摄氏度 20 分钟。

④取出五花肉，用勺子刮掉肉皮上的食盐，去掉锡纸；接着将五花肉继续放入空气炸锅中，调至 200 摄氏度 10 分钟即可。

小 贴 士

脆皮五花肉是一道被网络带火的美味小吃，它曾风靡各大短视频平台。脆皮五花肉外壳酥脆劲道，里面的肉质却鲜嫩多汁，其独特的咸、香、辣口感，中和了五花肉本身的肥腻，打造出"肥肉入口即化，瘦肉香嫩不柴"的感觉。

鸡蛋仔冰激凌

主料 低筋面粉 140 克、玉米淀粉 20 克、草莓少许

辅料 鸡蛋 2 枚、牛奶 60 克、泡打粉 4 克、冰激凌少许

调料 白糖 60 克、油 60 克、巧克力酱少许

做法

①将鸡蛋打入碗中，加入白糖并用打蛋器打发；然后加入牛奶、油和 50 克清水继续打发；再倒入低筋面粉、泡打粉和玉米淀粉继续打发成黏稠的面糊。

②将面糊倒入裱花袋中；鸡蛋仔锅具上两面刷油，挤入面糊，合上盖子，用中小火压熟。

③将草莓洗净切块；把压熟的鸡蛋仔卷起装在合适的容器中，挤入冰激凌，放上草莓块，淋上巧克力酱即可。

鸡蛋仔模具的正反两面都需要预热和刷油，防止出现粘连。卷鸡蛋仔时一定要趁热，变凉后容易卷不起来。制作好的鸡蛋仔放凉之后才能装入冰激凌，以免冰激凌化掉。

章鱼小丸子

主料 低筋面粉 500 克、章鱼适量、鸡蛋 3 枚、包菜少许

辅料 生姜 3 片、泡打粉 5 克、木鱼花适量、玉米淀粉 20 克、海苔碎少许

调料 料酒 2 勺、盐 5 克、鸡精 2 克、生抽 20 克、红烧酱油 20 克、蚝油 20 克、白糖 10 克、蜂蜜 10 克，油、照烧酱、沙拉酱各适量

做法

①将面粉、泡打粉倒入盆中，加入鸡蛋、盐、鸡精和清水搅拌成面糊，然后放入冰箱中冷藏 1 小时。

②锅中烧水，倒入章鱼，加生姜和料酒焯一下，然后捞出放凉切碎；将包菜切碎备用。

③将生抽、红烧酱油、蚝油、白糖、蜂蜜和玉米淀粉依次倒入碗中，并加入 100 克清水搅拌均匀；然后将拌好的酱汁倒入锅中，小火烧开，煮约 1 分钟关火倒出。

④取出面糊，提前将锅预热，并在里面刷一层油；然后将面糊挤入锅中，大约七分满，接着依次放入章鱼碎和包菜碎；加热 1 分钟后用竹扦旋转 90 度，并加入一点儿面糊；又 1 分钟后旋转 30 度，继续加入一点儿面糊；待面糊凝固后，不断翻面使其均匀上色。

⑤最后取出煎好的章鱼小丸子，挤上照烧酱和沙拉酱，撒上海苔碎和木鱼花即可。

小 贴 士

章鱼小丸子不用特殊模具也可以制作，只需将所需食材切碎，搭配土豆泥搅拌之后，用手团成小圆球，然后放入烤箱中烤熟，或者放入油锅中炸熟，其口感和营养价值一点也不差。

芝麻球

主料 糯米粉 300 克

辅料 红豆沙少许、白芝麻适量

调料 白糖 50 克

做法

①将糯米粉和白糖一起倒入碗中，然后倒入开水，用筷子搅拌成黏糊，再加入一些干糯米粉，揉成光滑的面团。

②将面团切成小剂子，擀成薄片，裹上红豆沙，揉成小圆球，然后蘸一下清水，再蘸一下白芝麻。

③锅中烧油，油热后放入芝麻球炸熟即可。

芝麻球也叫作煎堆，是一种全国流行的传统小吃。芝麻球看似浑圆体大，实则内部是膨胀的空洞，吃起来香脆甜蜜。制作芝麻球时，可以加入少许泡打粉，会使外形更加圆满。

手打柠檬茶

主料 柠檬 1 个、绿茶 20 克

调料 蔗糖糖浆 35 毫升、水 450 克、冰块适量

做法

①向锅中注水，将绿茶放入水中烧开，过滤掉茶叶备用。

②将柠檬洗净切成薄片，放入雪克杯中用力捶打多次；然后加入冰块、倒入糖浆和绿茶，盖上盖子用力摇匀；最后倒入杯中即可。

小 贴 士

柠檬本身很酸，但柠檬茶却是酸甜适中，这种独特的口感象征着生活中的酸甜苦辣。可以根据个人口味调整柠檬茶的甜度和冰量，不同的温度和口感正是生活中的不同体验，非常适合夏日饮用。

麻辣鸭货

主料 鸭头4个，鸭脚、鸭脖、鸭翅、鸭架各适量

辅料 生姜5片、小葱3根、大蒜5瓣、花椒3克、八角3克、桂皮1块、麻椒1把、香叶3片、干辣椒1把

调料 料酒2勺，豆瓣酱、辣椒酱各1大勺，生抽、老抽各1勺，盐、鸡精各半勺，冰糖、盐各适量

做法

①清洗所有食材，将小葱打结、大蒜拍碎；将所有鸭货凉水下锅，加入料酒焯一下，撇去浮沫杂质，然后冲洗干净备用。

②锅中烧油，放入生姜、葱结、大蒜、花椒、八角、桂皮、麻椒、香叶和干辣椒爆香；然后倒入鸭货翻炒，并加入豆瓣酱、辣椒酱、生抽、老抽、冰糖、鸡精和盐不断翻炒入味；倒入适量清水，用大火煮开后，改小火炖约40分钟即可。

小贴士

啃鸭货是很多零食爱好者的喜好。鸭货的制作手法并不完全统一，每个人都可以根据自己喜欢的口味，制作出完美的鸭货。其实鸭货的肉很少，也不容易饱腹。但其实大家吃的并不是鸭货上的肉，而是鸭货的麻辣口感，刺激出来的味觉快乐。

冰粉

主料 白凉粉 20 克

辅料 山楂碎、白芝麻、熟花生碎、葡萄干各少许，猕猴桃 1 个

调料 蜂蜜 1 勺、红糖 50 克、冰糖 30 克

做法

①将猕猴桃去皮切成丁块；向锅中加入 500 克清水，倒入白凉粉搅拌至融化，等白凉粉煮到冒泡时关火，然后倒入碗中放凉使其凝固。

②将红糖、冰糖、蜂蜜和 80 克清水倒入干净的锅中，用小火将其慢熬成糖浆。

③将凝固好的冰粉用水果刀划成小块，浇上熬好的糖浆，再撒上山楂碎、白芝麻、熟花生碎、葡萄干和猕猴桃块，放入冰箱中冷藏 30 分钟即可。

小贴士

　　白凉粉是由植物凉粉草制作而成，口感较脆。不过制作冰粉也可以选用口感较滑嫩的冰粉籽，它的原料来自"冰粉树"，也叫珍珠莲，多生长在川西、云南一带。冰粉可以和很多食材搭配，如水果、糍粑等。冰粉中所包含的味道，正如五彩缤纷的夏天，酥、脆、酸、甜、滑中带着拂动人心的阵阵凉意。

关东煮

主料 香菇3个、鹌鹑蛋4枚，包菜、海带结各少许，丸子适量

调料 生抽、蚝油、盐、白糖各少许

做法

①清洗所有食材，将鹌鹑蛋冷水下锅煮熟，剥去外壳；将包菜撕成大块；将香菇改刀后和海带结一起浸泡30分钟。

②锅中烧水，倒入所有食材，并加入所有调料，用大火煮开后改小火煮约30分钟即可。

关东煮是一种无须很多调料就能烹饪出的独特小吃，因为它汇集了食材本身的鲜味，味道极其清新鲜淡。如果你喜欢重口味的关东煮，在制作时只需掺入重口味的调料就可以了。

紫菜包饭

主料 白米饭适量、紫菜 1 张

辅料 肉松 15 克、胡萝卜 1 根、黄瓜 1 根、酸萝卜条 1 根

调料 盐、香油、沙拉酱各少许

做法

①向蒸熟的米饭中加入少许食盐和香油并搅拌均匀；将胡萝卜和黄瓜洗净切成长条备用。

②在卷帘上放一张紫菜，把米饭均匀地摊在紫菜上，然后放上胡萝卜条、黄瓜条、酸萝卜条，挤上沙拉酱、撒上肉松，最后用卷帘将其卷起压紧，切成小块即可。

小 贴 士

紫菜包饭和寿司在制作上大同小异，都是将熟米饭搭配蔬菜、调味品等，包卷起来食用。其搭配的蔬菜可以根据个人口味喜好进行选择。

炒酸奶

主料 酸奶1袋、红心火龙果1个

辅料 葡萄干少许

做法

火龙果去皮后放在炒冰机上剁碎，然后倒入酸奶不停地翻剁成泥状，将其摊平，凝固后用刀划成小块，装入盘中撒上葡萄干即可。

小贴士

炒酸奶可以搭配的水果有很多，如芒果、草莓等。不用炒冰机也可以制作炒酸奶，方法是将酸奶倒入铺着烘焙纸的盘子中，然后把喜欢的水果切碎，倒入酸奶中均匀地铺开并振平，最后把盘子放入冰箱中冷冻3小时，取出切块即可。

龟苓膏

主料 龟苓膏粉 20 克

辅料 牛奶 250 克

调料 白糖 10 克

做法

①用温水将龟苓膏粉化开，锅中加入 750 克清水，并倒入调好的龟苓膏粉浆，用中小火一边加热一边搅拌，待到煮沸后立即关火。

②将煮好的龟苓膏粉浆快速地倒入碗中，待其冷却凝固后，用刀划成小块。

③将牛奶倒入锅中，加入适量白糖煮沸，关火放凉后倒入装有龟苓膏的碗中，搅拌食用。

小贴士

龟苓膏不仅是街头常见的小吃，更是我国的传统药膳。其主要原材料是龟甲、土茯苓、甘草、生地等中药材。适量食用不仅可以清热祛湿，还能滋阴补肾。

柠檬无骨鸡爪

主料 鸡爪 500 克、柠檬 2 个

辅料 生姜 3 块、大蒜适量、小米辣少许

调料 料酒 1 勺、生抽 2 勺，薄荷叶、盐、泡椒水各少许，白糖 1 勺、鸡精半勺，油、白醋各适量

做法

①清洗所有食材，将生姜切片、大蒜剁碎；鸡爪洗净并去掉爪甲，然后放入冷水锅中焯一下。

②将鸡爪倒入干净的锅中，并加入适量清水，同时加入料酒、生抽和盐搅拌均匀；待大火煮沸后改小火煮约 15 分钟，捞出放入加有白醋的冰水中浸泡。

③柠檬洗净切成薄片并去掉果核，将汁水挤入盆中，同时放入生姜、大蒜、泡椒水和小米辣搅拌均匀；接着倒入煮好的鸡爪，并加入柠檬片、白糖、鸡精和盐抓匀；然后盖上保鲜膜腌制一夜即可；食用时可以用少许薄荷叶点缀。

小 贴 士

酸辣爽口、滑嫩入味的无骨鸡爪，不管是高级餐厅还是街边小摊，都是最受欢迎的美食之一。柠檬无骨鸡爪食用前最好在冰箱在冷藏 3 小时，口味会更加惊艳。